SHUXUE JIAOXUE
SHEHUIXUE

张晓贵　著

数学教学社会学

中国科学技术大学出版社

内 容 简 介

　　本书从社会学的角度对数学教学研究展开论述,共分八章。第一章和第二章主要介绍数学教学社会学的基本概念和研究方法。第三章到第八章分别从多个方面对数学教学中的一些现象和问题进行论述,涉及数学课堂的结构、数学课堂中的文化、数学教学与性别差异、数学教学中的不平等以及数学课堂中的师生互动和生生互动等。为了便于读者更好地理解相关知识,书中给出了大量的案例。

　　本书可供数学教学研究者和一线的中小学数学教师参考使用。

图书在版编目(CIP)数据

数学教学社会学/张晓贵著. —合肥:中国科学技术大学出版社,2017.12
ISBN 978-7-312-04229-1

Ⅰ.数… Ⅱ.张… Ⅲ.数学教学—教育社会学 Ⅳ.O1

中国版本图书馆 CIP 数据核字(2017)第 184334 号

出版	中国科学技术大学出版社
	安徽省合肥市金寨路 96 号,230026
	http://press.ustc.edu.cn
	https://zgkxjsdxcbs.tmall.com
印刷	合肥华苑印刷包装有限公司
发行	中国科学技术大学出版社
经销	全国新华书店
开本	710 mm×1000 mm　1/16
印张	10.5
字数	212 千
版次	2017 年 12 月第 1 版
印次	2017 年 12 月第 1 次印刷
定价	35.00 元

自 序

2002年9月到2005年12月期间,我在南京大学哲学系攻读博士学位,师从著名学者郑毓信先生,与我同在郑先生门下的还有我的师兄黄秦安教授。记得那是在2003年7月初的一天,先生在上课结束时对我们说,下学期我们要开始准备博士毕业论文。他推荐了两个题目让我们选择:一个是数学教学的社会研究,另一个是数学教学的语言研究。我选择了第一个作为我的博士论文题目,至于当时为什么要选择这个题目,现在已不记得原因了。黄师兄并没有选择第二个题目,而是自选了数学哲学作为他的毕业论文题目。黄师兄如此选择的原因是他早在读博士之前就已经对数学哲学有了较深入的研究。果然,黄师兄的毕业论文做得非常好,在论文答辩中也有很出色的表现。时至今日,黄秦安教授已经是国内研究数学哲学的著名学者了。

应该说,对于数学教学的社会研究是从确定博士毕业论文时开始的,在那之前,我对数学教学的社会研究基本上是一无所知。正是在毕业论文的准备过程中,我才逐步地对这个方向有了了解,对从社会的角度来审视数学教学有了更多的思考。当然,我在毕业论文的准备过程中也得到很多人的帮助。在这些给予我帮助的人中,特别应该提到的是英国的Lerman先生。他给我寄来了大量的数学教学的社会研究资料,这对于我在短时间内了解数学教学社会研究发挥了重要的作用。在毕业论文完成前,我已经完成并发表了数篇相关的中外文论文,如《高等数学教育中的社会思考》《从社会视角看数学教师的继续教育》《学习共同体与课堂中的权力关系》《论教师社会化研究的意义及其方法》等。在博士毕业后,我继续对该方向进行研究,也发表了一些新的研究论文和出版了相关专著,例如《数学课堂教学的社会研究》。

对数学教学进行社会研究是在数学教学研究发展到一定程度的基

础上出现的。随着研究的深入,人们越来越清晰地意识到,对学生的数学学习心理进行研究确实重要,但社会活动或社会环境对学生的数学学习也能够产生极大的影响,因此,数学教学的社会研究是不可缺少的。但到目前为止,相对于数学教学心理学的研究来说,人们对从社会的角度来研究数学课堂教学还是比较忽视的,这从此方面的专著以及论文数量之少就可以明显地看出。数学教学是一个非常复杂的现象,要想更好地理解它,就必须从各种不同的视角来对其进行探讨,而社会视角显然是研究数学教学的重要视角之一,毕竟数学教学是处于一定的社会环境之中的,而其本身也构成一个小的社会。因此,对数学教学社会研究的不足将不利于数学教学理论的整体发展,并影响人们对于数学教学的深刻理解,从而也影响到数学课堂教学的有效开展。在此,笔者呼吁,为了促进数学教学的发展,希望有更多的人来关注数学教学的社会研究。

社会学和数学教学虽然是两个十足的旧词,但数学教学社会学却是一个全新的词语。从社会学的观点来系统地研究数学教学中的问题,是一个大胆的尝试,也是顺应数学教学发展的自然之举。数学教学在学校的教学安排中占有举足轻重的地位,在不同国家或不同文化背景的学校教学中,无不将数学教学的课程放在重要的地位,这样做的原因是数学在现代社会发展和人类发展中一直扮演着重要的作用。"没有良好的数学教学的国家是一个没有前途的国家,没有受过良好的数学教学的人也是没有前途的人",这样的话尽管有点夸张,但不是没有道理的。对数学教学的重视也体现在数学教学研究上,从不同的视角对数学教学进行研究已经成为自20世纪80年代以来数学教学领域中一个令人振奋的现象,而数学教学社会学正是其中的努力之一。

本书所涉及的主要内容都是中小学数学课堂的问题和现象,包括数学课堂中的教师、学生、教科书和现代技术,数学课堂教学过程中男女的性别差异,数学教学中的不平等问题,数学课堂中的文化,数学教学中教师与学生、学生与学生之间的互动等。这些现象和问题中的一些课题对于数学教学研究来说并非是全新的课题,如数学课堂中的教师、学生和教科书等,只不过以往对这些现象和问题的探讨大多是从心理学等其他角度进行的,而本书是从社会学角度来进行的。当我们从不同的视角研究同一个事物时,所得到的结论通常是不同的。本书所探讨的另外一些课题如数学教学的平等性问题等则是在社会学视界中所特有的。能够从数学教学的一些老问题中得出新观点以及提出全新的问题,这实际上也正是数学教学社会学的研究价值所在。

本书试图从社会学的视角来系统地研究数学教学中的各种现象。如果说本书的内容有什么新意的话,那就是对于涉及数学教学中的各种问题都是从社会的角度出发的。我们知道,当我们看某个事物从一个特定的角度出发时,会发现它和其他角度看起来有所不同,这种不同甚至非常大,这与中学数学中的三视图理论是同一个道理。为了能够真正地知道一个物体的形状,我们需要三视图。而为了能够对数学教学中的现象有清楚的认识,我们就需要从不同的视角来探讨。当然,学过三视图的人都知道,只有看了物体的三个视图,并把这三个视图整合起来,才能够对该物体进行完整的描述,或者说真正地了解该物体的形状。从社会学的视角来研究数学教学,虽然可以得到一些新观念,但它所理解的也只是数学教学的一个侧面而不是整体,但这个侧面显然也是非常重要的,缺少它我们就难以对数学教学做出全面的认识。

本书的读者对象是数学教学研究者以及所有一线的中小学数学教师。对于数学教学研究者来说,这本书有助于他们从一个新的角度即社会视角来研究数学教学。对于一线的中小学数学教师来说,由于这是一本社会学著作,尽管它有着数学教学实践的坚实基础,但毕竟立足于理论探讨,因此,习惯与实践打交道的他们也许会发现本书并不容易阅读。但理论的作用在于服务实践和指导实践,故那些希望能够对数学教学有更深刻的理解以及希望能够提升理论水平的一线数学教师将会从本书的阅读中有所收获。

本书应该是国内数学教学社会学研究的第一部著作,笔者希望它能够起到抛砖引玉的作用。另外,据笔者所知,国内已有数位数学教学研究者有撰写数学教学社会学的意向,在此希望本书能为他们提供帮助和参考,将数学教学社会学的研究引向深入。

本书是在笔者前期研究的基础上形成的,在写作的过程中得到了合肥师范学院院系领导和同事的帮助与支持,在此向他们表示感谢。本书的出版得到合肥师范学院省级教育硕士专业学位案例库和教学案例推广中心项目基金的资助,在此一并表示感谢。由于笔者水平有限,书中不恰当甚至错误之处都有可能存在,诚望读者批评指正。

　　是为自序。

张晓贵

2016 年 12 月

目　　录

第一章　数学教学社会学概论

　　简单地说,社会学是一门研究社会的科学。"社会学"是一个大众非常熟悉的词语,即使在日常生活中该词也被经常性地使用。每年在学术期刊上刊载的社会学论文以及出版的社会学专著在数量上是庞大的。在许多大学里,社会学系更是一个可以招收本科生、硕士生甚至博士生的大系,也就是说社会学早已经成为专门的研究领域。实际上,社会学作为一个专门的研究领域最早出现在 19 世纪末。社会学建立的基本目的就是运用科学的方法,研究人类的群体行为和组织结构,解释人与人之间的合作、对立和冲突,探求社会运行的一般法则,最终建立一个和谐而有序的社会。社会学经过一百多年的发展已经成为一门非常成熟的学科,在社会学的发展过程中,其思想观点和研究方法等一直在向外辐射,使得诸多其他学科领域的发展也受到了社会学的影响,这种现象在近年来表现尤为显著。各种以具体学科加上社会或社会学来命名的研究屡见不鲜,诸如物理社会学、医学社会学、管理社会学和教育社会学等不断涌现,昭示着社会学的思想观点和研究方法已经深入到人类文化的各个角落。数学教学社会学的出现并不是追赶社会学的"时髦",而是对数学教学进行深入研究的需要,是为了更好地理解数学教学这种特殊的社会现象,也是为了更有力地解决数学教学中出现的各种问题。

　　数学是人类文化的重要组成部分,数学教学在整个教育体系中占有着极为重要的地位,这主要是因为数学在当今社会发展中所扮演的重要角色和在人类智力开发上发挥的独特作用。数学教学虽然具有悠久的历史,但真正对数学教学进行深入和较大规模的研究大概只能从 20 世纪 80 年代开始算起。从那时起,数学教育共同体开始了从各种视角来探讨数学教学,数学教学心理学、数学教学文化学和数学教学政治学等名词开始出现在数学教学的研究文献中,以这些名词作为书名的著作也不断涌现。这种现象意味着以数学教学为核心,数学教学研究者们开始"披荆斩棘"地从不同的角度对数学教学进行探究。正是在此背景下,数学教学社会学研究开始逐步呈现在人们的视界中。

　　从不同的视角对数学教学进行探讨有助于我们对数学教学的更深刻理解,从而有助于提高数学教学质量。本书将从社会学的视角对数学教学进行探讨,这不仅能够丰富数学教学的有关理论,还能帮助广大中小学数学教师更好地理解他们正在从事的数学教学工作和开展更高质量的数学教学。本章作为第一章,主要对数学教学社会学的一些基本概念进行论述,这些论述可以帮助读者了解本学科的内容,也为后续章节的论述奠定必要的基础。

第一节　数学教学社会学概述及其基本假设

一、数学教学社会学的概述

数学教学社会学是对围绕着数学教学的社会和社会互动进行系统、客观研究的一门学科。它旨在解释数学教学与数学教学相关的各种群体(主要包括数学教师和学生)之间的相互作用,探求高效的数学教学运行规则。

以上界定中提及的数学教学主要是指中小学数学教学,并不包括大学数学教学。由于教学必然要涉及教和学两个方面,因而数学教学所涉及的社会主要就是由教师和学生所组成的系统。就当前数学教学现状来看,数学教学主要发生在数学课堂中,但也并不完全在课堂中,也有可能发生在课堂之外。例如,在课外数学活动中甚至学生放学回家后,教学活动都有可能发生,特别是随着现代技术的发展,数学教学活动更是具有教学地点开放性的特点。不过,以上界定中的数学教学是专指发生在课堂中的数学教学。对围绕着数学教学的社会进行研究,实际上就是对该社会的组成成员即教师和学生进行研究,这是数学教学社会学研究的第一个方面。第二个方面是对数学教学活动中社会互动的研究,也就是研究在数学教学活动中为了达成教学目标,教师和学生之间以及学生和学生之间是如何进行互动的。

对数学教学中的社会和社会互动所进行的研究要力争做到系统和客观。所谓系统就是要对数学教学中的社会和社会互动进行完整的并且有条理的研究,不能只研究教师和教师的教而忽视学生和学生的学,或者只研究学生和学生的学而忽视教师和教师的教。关于这一点是有历史可鉴的。以前,高等师范院校数学系开设的数学教育类课程中有一门课叫"数学教法",从名称上就可以大致判断出这门课是主要教授师范生如何进行教学的。后来,这门课改为"数学教学法",但其内容仍然是只关注教师的教而没有关注学生的学。而所谓的客观研究就是按照事物的本来面目进行研究,它要求研究者持客观的立场和运用科学的方法进行研究,不能在研究中掺入个人喜好,不能戴有色眼镜来看待研究对象。但在实际的研究过程中,研究者很难做到完全客观,他们在处理和判断事物时,会很自然地、或多或少地融入一些自己的观点,这些自然产生的观点实际上是在一定的社会文化影响下形成的,是研究者的一种不自觉行为,而并非其有意为之。正因为如此,数学教学社会学的研究者在进行研究时,应该多问自己一些问题,如"我是不是戴着有色眼镜来看研究对象""我这样做是否客观"等。

为什么要进行数学教学社会学研究? 换句话说,数学教学社会学存在的意义是什么? 它和数学教学的现有相关研究(如数学教学心理学的研究)有什么不同? 针对以上问题,笔者从理论和实践两个方面来进行论述。首先,要明确数学教学社会学研究具有的理论意义。如果和教学研究领域相比的话,数学教学研究实际上是一个很新的研究领域,其发展的时间较短。而一个领域要想发展的话,一个重要的途径就是从不同的角度来对其进行研究。数学教学研究要想发展,自然也要从不同的角度来进行研究。这些不同角度的研究就构成了数学教学研究的一个个子研究领域,这些子领域的再继续发展也许还会产生更小的研究领域。子领域的出现和持续发展意味着整个领域的发展。从这个意义上看,数学教学社会学的出现和发展促进了整个数学教学领域的发展,其中的理论将丰富数学教学的理论。综上所述,数学教学社会学研究的出现是具有理论价值的。其次,要明确数学教学社会学研究的实践价值。对于一位数学教师来说,他在看到数学教学社会学这个词组后,首先要问的问题应该是:它对我的工作有什么帮助或者对数学教学有什么益处? 数学教学社会学和数学教学中的其他子领域研究类似,虽然身处理论的高度,但其目标却是很明确的,那就是为了使数学教师能有效地进行教学和学生更好地学习数学。数学教学社会学所探讨的内容如数学课堂文化和数学教学中的性别问题等,都是希望教师和学生能够对数学教学有更好的认识,从而获得更高质量的数学教学效果,因此数学教学社会学具有较大的实践价值。数学教学心理学是从教师和学生的心理方面来探讨数学教学中出现的问题的,为更好的数学教学提供心理学角度的建议,这对于促进高质量的数学教学是非常必要的。但在涉及数学教学的社会维度方面,数学教学心理学就无能为力了,而数学教学社会学却可以发挥积极作用。

二、数学教学社会学的基本假设

数学教学社会学的基本假设是:数学教学中教师和学生的行为在很大程度上是由社会环境造成的。该基本假设实际上与社会学的基本假设是一致的,后者的基本假设是指社会中人的行为在很大程度上是由社会环境造成的。问题是数学教学社会学的基本假设是不是合理。一方面,社会学的发展已经证明了其基本假设具有巨大的合理性,因为在这样的假设下得到的理论已经解释了无数的社会现象。数学教学这种特殊的社会现象与一般的社会现象虽然有很大的不同,但是它也是大社会中的一个小的社会现象,在具有社会性这一点上它并没有什么特殊的,因而做出这样的假设也应该具有一定的合理性。另一方面,对数学教学的一些零星的具有社会性质的研究也证明了该假设是合理的,这将在后面的章节中加以论述。

在数学教学活动中,教师和学生在其社会互动中表现出各种行为。在各种不同的研究视角下,对师生的行为探讨会有很大的不同。例如,数学教学心理学会从师生的心理角度来解释他们在数学教学活动中表现出的某种行为。而在数学教学社会学的视角下,对于师生在数学教学活动中的行为就会从社会上找原因:是什么样的社会环境造成了他们的这种行为? 对于数学教学中的种种现象,如果说数学教学心理学是一切从心理上找原因,那么数学教学社会学就是一切从社会上找原因。

数学教学社会学并不认为数学教学中的师生行为完全是由他们所在的社会环境造成的,但坚信他们所生活与学习的社会环境与其在数学教学活动中的行为是有很大关系的。因此,当要理解师生在数学教学活动中的某种行为时,从他们所处的社会环境中找原因是具有一定合理性的。

第二节　数学教学社会学与相关学科的关系

数学教学社会学有自己的研究视角,也有自己特有的问题,正是由于其特殊性,它才发展成为了一门独立的学科。同时,数学教学社会学也与许多相关学科之间具有密切的联系,它不仅与数学教学研究领域之外的学科有密切关系,也与数学教学研究领域内的其他学科有密切联系。

一、数学教学社会学与社会学

数学教学社会学与社会学之间具有密切关系。实际上,我们可以将数学教学社会学看成是社会学在数学教学领域中的运用,或者说数学教学社会学是社会学的一个子领域。社会学与数学教学社会学之间的关系是母与子的关系。在数学教学社会学中的许多研究视角都来自社会学,诸如文化、社会互动、个体在社会中的身份和地位等,另外社会学中的有关理论也可以很好地用在数学教学中,如符号互动论等。简单地说,数学教学社会学就是用社会学的语言来描述数学教学中的事情。当然,社会学研究的范围更为宽广,某些社会学研究的着眼点如社会变迁和文化融合等,对于研究数学教学就不是特别适合。可以这么说,如果没有社会学的发展,数学教学社会学可能都不会出现。有了社会学的充分发展,数学教学社会学才得以产生并得到发展。反过来,数学教学社会学的发展也进一步促进了社会学的发展。

二、数学教学社会学与哲学

数学教学社会学与哲学在研究方法上是非常相似的。数学教学社会学是从社会学的视角来研究数学教学中的事物和现象的,也就是试图理解数学教学中事物和现象背后的社会因素,以及整个数学教学系统是如何运转的。当我们用社会学的观点来研究数学教学体系时,我们会认识到数学教学并不与我们对它的第一印象相一致,而是要更加复杂。要想真正地了解数学教学,就要透过数学教学的表面来寻找作为原因的社会因素。从这一点上看,数学教学社会学与哲学的研究方法是非常相似的,因为后者的研究方法正是透过表面看实质。

三、数学教学社会学与数学教学领域内的其他学科

数学教学社会学和数学教学中的许多领域有着密切关系,如数学教学心理学和数学教学论等。无论是数学教学社会学还是数学教学心理学或是其他的数学教学研究领域,由于它们的研究对象都是数学教学,因而会有许多重合,例如,它们都要研究数学教师的教和学生的学。虽然它们的研究对象相同,但研究的侧重点是不同的,即它们的研究视角是不同的,而从不同视角的审视能够提出不同的问题,也能够对于相同的问题提出不同的解决方法。从社会的视角来研究数学教学,这正是数学教学社会学这门学科的特征。

数学教学社会学来源于社会学,但与数学教学领域内的其他领域却具有平等关系,这意味着数学教学社会学虽然认定本学科对于数学教学的作用,认为本研究领域的基本假设是合理的,但同时认为数学教学的其他研究领域的观点也是合理的,对于促进数学教学也是具有积极作用的。数学教学社会学存在的目的,就是要和数学教学内的其他领域一起为促进数学教学的发展做出贡献。与数学教学哲学、数学教学心理学以及数学教学文化等研究相比较,数学教学社会学是一门迟到的学科,但这并不意味着其重要性不如早到的学科。实际上,数学教学社会学的出现正说明了现有的数学教学的各个研究分支还不足以使我们完整地认识数学教学系统。

第三节　数学教学社会学的理论基础

社会学的发展虽然具有悠久的历史,但有趣的是它不像某些学科(如心理学)

那样,后起的理论会否定和代替先前的理论(如认知心理学代替行为主义心理学)。社会学理论发展到现在已经相当完善,目前主要有三种社会学理论,它们是功能主义理论、冲突理论和互动理论[①]。

功能主义理论的代表人物有奥古斯特·孔德、赫伯特·斯宾塞、埃米尔·涂尔干(见图1.1)以及奥古斯特·默顿等。功能主义理论认为社会的每个部分都对总体发生作用,由此维持了社会的稳定。他们将社会比作人类的身体或其他活的机体,身体的各部分以系统的方式结合在一起的,每一部分都对身体发挥着作用。社会中的每一个部分也都是以系统的方式结合在一起的,从而维持着社会的稳定。当然,社会结构的构成单元的功能一部分是看得见的,一部分是看不见的,默顿称前者为显的功能,后者为潜在的功能。功能主义理论特别适合研究稳定的、小规模的社会。

图1.1　埃米尔·涂尔干

数学课堂可以看成是一个有机体。在这个有机体中,教师和不同的学生以体系的方式结合在一起,各司其职,共同完成课堂教学任务。甚至数学课堂中的合作小组也可以看成是一个有机体。各小组成员相互合作,分工协作,从而完成小组任务。因此,功能主义可以用来解释数学课堂教学中的某些问题和现象。

冲突理论起源于卡尔·马克思(见图1.2)。冲突理论的基本假设是构成社会的各部分远不是作为整体的一部分而平稳运作的,而是相互冲突的。这种相互冲突的根源在于人们会因为有限的资源、权力和声望而进行斗争。并不是说,基于冲突的社会就总是无秩序的,但该理论认为,秩序只不过是社会各部分之间不断进行冲突的一种结果,并且常常是十分短暂的,它实际上不过是社会的某一个或几个部分统治其他部分,根本不是各部分的自然合作。

在数学课堂中,冲突现象也会在某种程度上出现。例如,为了获得最佳的学习成绩,为了获得教师的表扬,为了获得某种稀缺资源的使用权,为了获得数学学习中的某种

图1.2　卡尔·马克思

权力,学生之间会发生各种冲突。因此,冲突理论在解释数学课堂中的某些具有冲突性质的现象时可以发挥作用。

冲突理论与功能主义理论看似完全对立,但实际上二者之间也有共同点,即它们都关注宏观社会或大规模的社会结构,研究它们是如何相互联系的。不过在论

[①] 波普诺. 社会学[M]. 10版. 李强,译. 北京:中国人民大学出版社,1999.

述如何相互联系的方式上,二者又是完全不同的。在当今社会上,无论是人与人之间、组织和组织之间还是国家和国家之间,它们都是既相互合作又相互竞争的,因此在解释许多社会现象时,功能主义理论和冲突理论都可以发挥作用。

图 1.3 乔治·米德

互动理论的奠基人是乔治·米德(见图 1.3)。与功能主义理论和冲突理论注重社会的宏观方面不同,互动理论更加关注社会的微观方面。该理论研究人们在日常生活中是如何交往的,以及他们如何使得这种交往产生实质性的意义。互动理论认为,人们应该拥有更多的自由,而不是将社会看成一种控制力量,并强调人们总是在创造和改变他们所生活的世界。另外,互动理论不仅对人们行动的方式感兴趣,而且对人们的思想和感觉也深感兴趣。不仅如此,互动理论还探索人们的动机、目标和理解世界的方式。简单地说,互动理论关注的是社会中人与人之间的互动方式,以及在互动中个体的动机和目标等。

在功能主义理论、冲突理论和互动理论中,也许互动理论在研究数学课堂教学中最具有启发意义。因为在数学课堂教学研究中所涉及的大多是微观的事物和现象,例如教师和学生之间的互动、学生与学生之间的互动、学生学习数学的动机等,而这些正是互动理论所关注的。

以上三种社会学理论在今天的社会学发展中并非是对抗的,而是相互补充、相得益彰的,它们从不同的角度运用不同的方式来解释社会现象。那么,在数学教学社会学研究中如何运用这些理论? 更进一步地,有没有必要建立一种来源于这些理论但又更为独特的数学教学社会学理论作为本学科的研究基础? 说实话,这是一个相当有吸引力的想法。以上三种社会学理论所处理的毕竟是一般社会学问题,而数学教学社会学虽然也是一种社会学,但却具有鲜明的独特性,即其研究的是数学教学这种特别现象。数学教学研究的一个很重要的发展趋势就是要创造具有自身独特性的理论,这从数学课程论、数学教学论、数学教学心理学、数学教学设计等理论中都可以看出。如果要构建出数学教学社会学的独特理论,那么该理论一定要同时体现出社会学、教学以及数学的特点。

在本书中,笔者试图建立一个数学教学社会学的理论。当然,要构建一个数学教学社会学理论,其难度之大是可以想象的,但这样的尝试是值得的。在这里,笔者并不认为所尝试构建的数学教学社会学理论只是为该学科明确一个框架,而后来的研究者就只能在这个框架内进行研究,根本目的是为本书内容的展开提供一些基础,同时也为后来的研究者提供参考。后来的研究者们完全可以不受本书所提出框架的限制,当然也可以在本框架的基础上进行研究。

所要构建理论基础的出发点是前文提及的基本假设,即数学课堂教学中师生的行为在很大程度上是由社会环境造成的。在此假设下，笔者提出如下四点结论：

（1）数学教学社会学主要应围绕着数学课堂进行，但同时也应考虑到数学课堂之外更大的社会文化环境。数学课堂是一个社会，但它不是世外桃源，它和课堂之外的大社会之间不可避免地存在各种关系。就以数学课堂中的学生和教师来说，他们是数学课堂这个小社会中的成员，但同时也是大社会中的成员。如果只研究数学课堂而不考虑其与大社会之间的关系，就无法真正地对数学课堂进行社会研究。实际上，外在的大环境会通过各种方式来影响数学课堂这个小社会，而数学课堂也会在一定程度上反作用于大社会。更具体地说，大的社会文化观念会通过多种方式来影响数学课堂。例如，通过为数学课堂教学提供技术从而影响数学教师的教和学生的数学学习，通过数学教科书来对学生的社会化产生影响。数学课堂也会反作用于大社会。例如，通过提高学生的数学素养从而促进社会的发展，通过数学课堂可以看出数学教学在一定程度上复制着社会的不平等，等等。

（2）对数学课堂中师生之间以及生生之间关系的研究是数学教学社会学研究的重点。由于数学教学社会学研究主要是针对数学课堂这个小社会进行的，而在这个小社会中基本的社会成员是学生和数学教师，因而学生和数学教师之间的关系应该是研究的重点所在。首先，就权力而言，不论是在传统的还是现代的数学教学中，教师都应该具有一定权力和较高声望，而学生只是在现代的数学教学中才逐渐具有了一定的权力。其次，为了开展有效的数学教学，师生之间以及生生之间必须建立密切的互动关系。在数学教学中，师生之间的社会互动应该是数学教学社会学研究所特别关注的，这种互动不仅体现在数学课堂之中，也体现在数学课堂之外；而学生与学生之间的互动既表现在他们相互之间的合作上，也表现在他们相互之间的竞争上。他们在合作中竞争，也在竞争中合作。

（3）数学课堂文化是数学教学社会学不可忽视的研究内容。由于数学课堂文化对于数学教学的极端重要性，因而数学教学社会学必须重视对数学课堂文化的研究。大的社会文化会在一定程度上影响数学课堂文化，但不能完全禁锢数学课堂文化。数学课堂文化是在教师和学生的数学课堂的社会互动中逐步建立起来的。数学课堂文化主要关注的是数学课堂中的语言、规范和价值观，由于这些因素是变化的，从而导致了数学课堂文化的变迁。

（4）数学教学中的性别差异和不平等应该被数学教学社会学特别关注。数学学习中的性别差异是数学教学研究者比较感兴趣的话题。对于数学教学社会学来说，造成数学学习中性别差异的主要原因是社会因素，正是社会环境和社会文化观念的不同才导致了学生在数学学习中的性别差异。对于数学教学中的不平等现象，笔者认为它是存在的。它的存在反映了社会结构的不平等，是社会结构不平等在数学教学中的反映。反过来，数学教学中的不平等将会进一步加剧社会结构的不平等。

以上四点是笔者为数学教学社会学所建立的理论框架,本书的内容及其展开正是建立在这四点基础之上的。在后续的数学教学社会学的展开过程中,笔者将以数学教学社会学的基本假设为核心,以上面四点为根据,并结合数学课堂教学的特点,对数学教学过程及其各个方面进行探讨。

当然,传统社会学的三大理论在本书中都会有一定的体现,这种体现也说明了数学教学社会学与社会学之间的某种关系。在对数学课堂教学的社会分析中,本书更多地运用了互动理论思想。这样做的原因是互动理论主要是对社会进行微观分析,而数学课堂这个小社会更适合微观分析。运用互动理论的思想,本书将对数学课堂中的社会互动进行分析,探讨互动的原因及结果;也将对互动中的成员进行探讨,试图了解他们的兴趣和动机。当然,除了互动理论外,本书也会运用功能主义理论、冲突理论的有关观点对所探讨的问题进行分析。但从整体上看,这三大社会学理论实际上并没有发挥多大的作用。

从笔者建立的理论框架出发,本书的主要内容结构如图1.4所示。

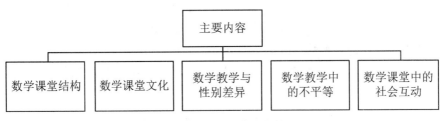

图 1.4　本书的内容结构

作为一本相对完整的数学教学社会学著作,笔者在本书的开篇安排两章内容对数学教学社会学的基本概念和基本研究方法做了简要介绍,在第三章到第八章主要论述了数学课堂的结构、数学课堂中的文化、数学教学与性别差异、数学教学中的不平等以及数学课堂中师生之间的社会互动和生生之间的社会互动。

第四节　数学教学社会学的学科特点

数学教学社会学主要有以下四个学科特点。

一、具有鲜明的社会学特点

在后续的各个章节中,读者会发现分析问题的角度、采用的理论以及名词都来自社会学。换句话说,数学教学社会学是在数学教学这个小的领域中进行的社会学研究,是数学教学中的社会学。它和一般的社会学的不同之处就在于它只考虑到数学教学,是社会学研究的一种具体化,是数学课堂这个小社会中的社会学。因此本书也是一部社会学著作。

二、具有明显的数学教学研究的特点

数学教学社会学探讨的是数学教学的相关话题,包括数学课堂、数学教师和学习数学的学生等,只不过对这些话题的探讨视角是社会学而已,这一点与数学教学心理学是从心理学的视角对数学教学的相关问题进行研究以及数学教学政治学是从政治学的视角对数学教学的相关问题进行研究是类似的。由于数学教学社会学探讨的是数学教学中的问题,因此作为一门学科知识,它应该被那些与数学教学相关的人员所掌握,包括高等师范院校数学系的师范生、一线的中小学数学教师、数学教研员以及高等师范院校数学系从事数学教学研究的教师等。以上读者请不要因为看到书名中有"社会学"三个字而放弃对本书的阅读,当你在阅读本书时,肯定会发现本书与你以前阅读过的数学教学书籍有很大的不同,但其关注点却没有变化,都是为了更好地理解数学教学。

以上两个特点说明了数学教学社会学是社会学与数学教学论的交叉学科,如图1.5所示。

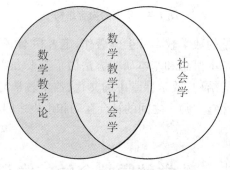

图 1.5　三者之间的关系

三、具有理论联系实际但更强调理论的特点

数学教学社会学注重数学教学的实际,但更强调在理论指导下的理论分析。数学教学社会学是为了解决数学教学中的问题而产生的,实际的数学教学需要促成了这门学科的成立,因此数学教学社会学具有坚实的实践基础。但是,作为一门社会学,数学教学社会学更注重理论的研究,而这也是所有学科的共同特点。数学教学社会学具有扎实的理论基础,其基本假设和社会学的三个基本理论为数学教

学的社会研究提供了理论支撑。实践本身并没有理论,只有在依附上理论后,它才具有强大的生命力。因此,笔者在本书的写作过程中,虽然列举了大量的数学教学的实践案例,但是理论分析却是本书的重点所在,实践案例是为理论分析服务的。

四、具有普适性的特点

数学教学社会学适用于不同社会及文化下的数学教学,因此它研究的是一般的数学教学,要解决的也是一般的数学教学中的问题,从这个角度来看,无论是用于哪个国家的数学教学,数学教学社会学的理论知识都具有一定的参考价值。由于数学教学社会学的普适性特点,在本书中笔者引用了许多国外数学教学研究者的研究成果,也探讨了许多国外的数学教学现象。在面向国际的同时,这部著作也特别强调了立足国内。大量的数学教学中的例子都来自国内实际的数学教学,也有很多的篇幅被用来对国内数学教学中存在的一些问题进行社会学的分析。

第二章 数学教学社会学的研究方法

第一节 数学教学社会学研究中的若干基础名词

一、概念与变量

概念和变量是数学教学社会学调查和理论中的两块基石。概念在社会学范畴中的定义是指对研究范围内同一类现象和过程的概括性表达,概念可以是实体性事物,如学生、计算机等,也可以是非实体性事物,如数学知识和能力等。

在社会生活中,概念的用法是模糊的,但是在数学教学社会学研究中,概念必须要有精确的定义。如一般人对于数学知识的理解可能比较模糊,但在数学教学社会学中对于数学知识必须有相当准确的界定。

在数学教学社会学研究中,许多概念所界定的事物是变化的,或者在时空维度上呈现出较大的差异,或者代表了不同的人或群体,这些变化的事物或因素被称为变量。学生的年龄是一个变量,可以是小学一年级的 7、8 岁,也可以是高三年级的 17、18 岁,还可以是大学四年级的 21、22 岁。学生的家庭背景也是一个变量,可能是工人家庭,也可能是农民家庭,还可能是知识分子家庭。一些变量可以用数字表示,如学生的家庭年收入;还有一些变量不是根据程度而是根据类别来变动的,如性别。

为了便于研究,数学教学社会学中将一般性的概念转换成具体的、可以测量的变量,这被称为"变量的操作化"。例如,将学生对数学知识的掌握程度转化成数学考试分数,将与学生的互动程度转化成该学生提出问题和回答问题的次数等。

二、假设和经验概括

数学教学社会学中的解释一般来说都是陈述变量之间的关系,如解释学生的性别与数学成绩这两个变量之间的关系,或者解释数学教学中技术的使用与学生数学学习积极性这两个变量之间的关系。数学教学社会学中的假设是两个或多个变量之间联系方式的陈述。例如,有一个观点认为:在中学阶段,男生的数学成绩要高于女生;而在小学阶段,女生的数学成绩反而要高于男生。再如,有人提出适当地使用现代技术可以提高学生学习数学的积极性,而长期地使用现代技术反而会降低其积极性。假设是一种人为的假定,因此如果有证据表明它是错误的,那么该假设就会被抛弃,这与数学发现中的假设是一样的。倘若某一次的观察验证了某个假设,也并不意味着该假设就被彻底证实了,这与数学发现中对于假设的验证也是一样的。而与数学发现中假设的证明不同的是,数学教学社会学中的假设永远不可能在绝对的意义上被证实,因为总可能存在进一步的证据来拒绝这个假设,而在数学发现中,如果假设被逻辑证明是正确的,那么该假设就可以成为一个定理。

如果研究表明某一个假设是合理的,那么这一假设就成为一种经验概括。所谓经验概括就是指数学教学中两个或多个变量之间关系的陈述,该陈述为经验证据所支持。数学教学社会学中的经验概括并不是容易得到的,它是在各种可能的情况下都能够被经验证据支持后才得到的结论。例如,数学教学中的小组合作学习究竟在多大程度上可以促进学生的数学学习?研究者可能要观察在各种情况下的小组合作学习。例如,在小学、初中和高中等不同学习阶段的小组合作学习是否明显地促进了学生的数学学习?在各种类型的数学课(如新授课、复习课)中的小组合作学习是否明显地促进了学生的数学学习?在不同的数学内容(如算术、代数或几何)教学中的小组合作学习是否明显地促进了学生的数学学习?在不同区域(如城市、农村)的数学教学中的小组合作学习是否明显地促进了学生的数学学习?在不同能力水平班级的数学课堂教学中小组合作学习是否明显地促进了学生的数学学习?只有在这些不同的情况下都得出了小组合作学习可以明显地促进学生的数学学习的结果,数学教学社会学研究者才能够做出经验概括:小组合作学习确实可以促进学生的数学学习。

三、理论

数学教学社会学中的理论是对数学教学中所观察到的现象的理解性解释,即回答"为什么"和"怎么样"。数学教学社会学中的理论产生于经验性的概括,而理论又可以预测其他变量相互联系的方式,进一步地,这些预测又可能被新的经验性观察所检验。也就是说,理论与经验概括之间是相互促进的关系。

社会学有三大理论即功能主义理论、冲突理论和互动理论,它们是社会学发展的结果,同时也反过来促进了社会学的进一步发展。由于数学教学社会学还处于发展的初期,目前还没有成形的理论,因此形成具有数学教学特色的社会学理论将是本学科发展的重要任务之一。

四、变量分析

数学教学社会学中大量存在的陈述是变量之间的相关关系。而数学教学社会学研究者最关心的莫过于探求数学教学现象中的原因和结果。例如，他们想了解是什么原因导致某些学生成为数学学差生，他们会找出各种可能的因素，如家庭环境、所交往的同伴、数学课堂教学等，这些可能性的原因或解释性的变量被称为自变量，其结果（变成了数学学差生）是因变量。再例如，一种新的数学教学方法的使用促使了学生数学能力的提高。研究者会找出各种可能的原因（如师生在学习中的互动频繁等），这种原因就是自变量，其结果（学生数学能力的提高）就是因变量。简单地说，因变量是想要解释的变量，自变量是其可能的解释。

在有些研究中，自变量是已知的，因变量是未知的。例如，数学教学中构建同质合作学习小组会产生什么样的结果？教师采用一种新的教学方法会对学生在数学上的学习产生什么样的影响？这里，构建同质合作学习小组和新的数学教学方法是自变量，而结果和影响是因变量。

在另外一些研究中，因变量是已知的，自变量是未知的。例如，为什么某些学生的数学成绩突然由好变差？为什么某些学生上课似乎并不认真但数学成绩却非常好？在第一个问题中，学生的数学成绩突然由好变差是因变量，要探讨的是使得学生数学成绩由好变差的原因，原因是自变量。而在第二个问题中，学生上课似乎不认真但成绩又很好是已知的因变量，要探讨的是什么原因造成了学生上课不认真但成绩又很好，原因是自变量。

有时候，要区分自变量和因变量是非常困难的。例如，在学生学习数学的自信心和数学学习成绩的关系中，很难区分自变量和因变量。究竟是学生自信心的增加导致了数学成绩的提高？还是数学成绩的优异导致了数学学习自信心的提高？再例如，是教师数学教学信念中的男女平等导致了男女生数学成绩基本一致？还是男女生数学成绩基本一致导致了教师数学教学信念中的男女平等？

在数学教学社会学研究中，研究者如何才能知道研究变量之间是否存在因果关系？这通常分析统计中量与量之间的相关关系可以得出，即考察一个变量与另一个变量之间是否存在着确定的变化关系。如果研究者要考察学生的家庭收入与其数学成绩之间是否存在因果关系，首先需要准确地计算出这两个变量之间的相关性。但是即使研究者找出这两个变量之间的相关性，也无法确定家庭收入高就是导致学生数学成绩好的原因，因为有可能二者都来源于另一个变量，如学生父母的社会地位。父母的社会地位越高，他们可能就越关注孩子的数学学习从而促使孩子的数学成绩好。同时，父母的社会地位越高，其家庭收入也越高。可见，简单相关并不能证明某两个变量之间存在着因果关系。事实上，有时候两个变量之间即使不存在因果关系也有可能是高度相关的。例如，重点中学的学生数学成绩往往都很好,这是否能推断出重点中学导致了学生的数学成绩好? 显然不是这样的,因为重点中学的学生都是各个小学中成绩很好的学生,而并不是由于重点中学导致了学生的数学成绩好,这二者之间的关系是一种虚拟相关,即不以因果关系为基础的相关。

五、多变量分析

现实社会的构成是非常复杂的,有些看似简单的问题都会涉及众多因素,单纯由 A 产生 B 的情况实际上并不多见。和现实社会中的情况类似,在数学课堂教学现象中很少有简单的因果关系,单一的社会事件通常会同时受到许多变量的影响。因此,在数学教学社会学研究中,大多数统计研究都要进行两个及两个以上的多变量分析。数学课堂教学中因果关系的探索就是要发现几个相对重要的变量所产生的总体效应。例如,要考察优秀数学教师形成的原因,就需要分析出相对重要的变量,如家庭背景、学校环境等。再例如,要探讨数学学差生形成的原因也会涉及很多因素,如家庭背景、学习习惯以及同伴的影响等。

第二节 数学教学社会学的研究步骤

进行数学教学社会学研究一般可分为六个步骤,即陈述问题并提出假设、研究设计、收集资料、分析资料、解释结果并得出结论和发表结果(见图 2.1)。在实际的研究活动中未必会严格按照这六个步骤进行,但是它们确实对于数学教学社会学的研究具有一定的指导意义。

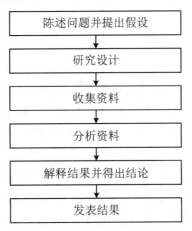

图 2.1 数学教学社会学的研究步骤

以下将结合具体的例子来说明如何进行这种六步骤的数学教学社会学研究。值得注意的是,虽然图2.1所示的六个步骤呈现为一种线性关系,但在实际的研究活动中会有多次往返重复。假设我们要进行的数学教学社会学研究的题目是:学生的数学成绩与其家庭背景之间的关系。

第一步,仔细地陈述要研究的问题并提出假设。在本研究中,应该认真查阅以前的相关研究,虽然可能没有直接的相关研究,但与之有一定关系的研究肯定是有的,如对于家庭背景与学习成绩之间的关系早就有了不少的调查研究,而查阅相关的研究能够为本研究提供一个出发点。另外,在这一步中,研究者应该对研究问题中的变量给出可操作性的定义,如研究者应该给"家庭背景"和学生的"数学成绩"做出可操作性的定义:"家庭背景"可以分解为两个可操作和测量的变量即父母亲的社会地位和家庭年收入,学生的"数学成绩"可以归结为学生的数学测验分数。最后,研究者提出可能性的假设:学生的数学成绩与其家庭背景之间具有正相关关系。

第二步,进行研究设计。研究设计是指对资料的收集、分析和评价的计划。在一般的社会学研究中,社会学家通常使用四种基本的研究设计,即调查研究、试验、观察和第二手分析。调查研究是指运用问卷和访谈来收集信息。试验是在具备严格控制条件的社会科学实验室中进行的,可以对变量之间的关系进行精确的评估。观察是指在自然环境中进行,研究者对处于日常生活情景中的研究对象进行观察。第二手分析是指利用其他研究者已收集的数据进行再分析。在数学教学社会学研究中,调查研究、观察和第二手分析是常用的研究设计,而试验一般较难以进行。不过在当今的一般数学教学研究中,试验也是经常被用到的。例如,研究者提出了某个数学教学方法可以有效地提高学生的数学学习效果的假设,这个假设是否可行是需要在实际的数学教学中通过试验来验证的。在本研究中,可以运用调查的方法来收集学生的"家庭背景"和"数学成绩"信息。

第三步,按照研究设计收集资料。研究者可以通过对学生的"家庭背景"(包括父母的社会地位和家庭年收入)进行调查登记,以及他们的"数学成绩"进行测试和登记。由于收集的资料是研究的基础信息源,因而资料的正确性或准确性必须要得到保证,但有些资料的准确性并不是容易实现的。在本研究中,"数学成绩"的准确性是很容易实现的,但"家庭背景"的准确性就无法轻易得到。

第四步,根据假设分析资料,即研究者需要根据所要检验的假设来整理、分类和组织材料。如果是小规模的研究,由于涉及的资料比较少,研究者可以手工对资料进行分析。但如果研究涉及大量的材料,这时若再使用手工进行整理的话不仅过于麻烦,更重要的是容易出错,此时可以利用计算机来分析整理。本研究中涉及的学生人数可能较多,因而会产生较多的数字材料,应该通过专门的计算机软件进行分析。

　　第五步,解释调查结果并且得出结论。即研究者对特定的调查结果进行归纳,从零散的事实性材料中总结出规律。在本研究中,研究者根据第四步的资料分析结果得出了可能性的结论,即学生的家庭背景与其数学成绩之间存在正相关关系。对所得到的结论进行解释是这一步中最困难的环节,它需要用理论来进行说明。在本研究中,需要用某种社会学的或相关的理论来说明为什么学生的家庭背景与其数学成绩之间具有正相关关系。

　　第六步,公开发表调查结果。公开发表调查结果之所以重要主要是因为三个方面的因素:首先,它可以使得其他数学教学社会学的研究者对此项研究进行检验。无论研究者在研究过程中考虑得多么周到,都有可能存在错误,特别是当研究一个比较复杂的问题时,更容易产生盲点。如果研究者将自己的研究过程详细地记录下来并发表,就可以使其他的研究者有机会发现一些新问题。其次,如果研究成果发表后能够被同行接受,那么它就成为了未来研究的基础。而大量的研究成果被相继发表和接受,也就意味着数学教学社会学学科正在不断地发展和壮大,这对于一门正处于起步阶段的学科来说,其重要性是不言而喻的。最后,和自然科学和社会科学等研究一样,发表的研究成果的数量和质量对于研究者自身的学术荣誉是至关重要的。"要么发表东西,要么销声匿迹"是所有学术研究者共同的生存方式,数学教学社会学研究者在这方面并不特殊。

第三节　　数学教学社会学研究中的若干注意点

一、定量和定性的研究方法

　　和一般社会学家使用的调查方法一样,数学教学社会学研究中也使用定量与定性的调查方法。这两种方法各有利弊,不存在简单的好坏之说。

　　定量方法是指通过测量变量的数量来进行研究的方法,如数学教学社会学研究中对学生数学能力的测量就可以运用定量的方法。定量测量在所有科学调查过程中都处于核心地位,大多数的社会科学家在研究中也尽量使用这种方法,因为在很多情况下用数据更能说明问题,作为说理的根据也会更有说服力。但和自然科学研究对象不同,社会科学研究更多涉及的是人类的事物,而这在很多情况下往往是不能简单地用数值来测定和表示的。例如,数学教学社会学研究中的教师权力大小就很难用一个数值来准确地表示。因此,定性的方法在社会学研究中是一种不可缺少的方法。定性方法是指运用准确的语言对社会事实进行描述,而不是进行数值大小的测量。很多的社会学研究中会同时运用到定性法和定量法,这在数学教学社会学研究中也是一样的。通常,在对某一问题进行探索性研究时会使用定性的方法,而对这一问题的某些方面进行研究时会使用定量的方法。

二、如何做好数学教学社会学研究中的调查

(一) 确定总体和样本

当研究者确定了研究的主题之后,接着要做的就是开始调查。

调查的第一步是找出调查的总体。调查的总体可能是某个市区的所有数学教师,也可能是某个地区的所有学生。明确调查总体是非常重要的,如果调查的总体都没有被明确,那么调查的结果就没有意义。如果研究者要调查某市初中生家庭的年收入,那么调查的总体就是该市所有初中生的家庭。需要注意的是,调查总体是由研究的主题确定的。例如,如果研究的主题是对中美小学生数学学习的某些方面进行比较,那么调查的总体就是中国小学生的全体和美国小学生的全体,研究中如果只是简单地从中国上海市选择一所小学,再从美国纽约市选择一所小学来进行调查,那就不合理了。再例如,如果研究的主题是中学生数学能力与家庭背景之间关系的话,那么随意地选择某个中学进行调查显然也是不合理的。

调查的第二步是选取合理的样本,因为如果对总体的全部进行调查,有可能会花费研究者过多的时间和经费。在组成总体的个体数量过多和过于分散的情况下,对每个个体都进行调查是不可能的,因此选择一定的个体进行调查就显得非常必要了。样本是经过选择以代表所要研究的调查总体的有限数量的个案。并不是样本数选取得越多,就越能够代表总体,从中得到的归纳和总结就越准确,选取合理样本的关键是这些样本是否具有代表性。有些抽取样本的方法能够使得样本具有更好的代表性。这些抽取方法包括随机抽样、系统抽样和分层抽样,其中最简单的是随机抽样。随机抽样可以保证调查总体中的每个个体都有同等的被选中的机会。小规模的随机抽样可以通过抓阄的方式产生,而大规模的随机抽样可以由计算机产生的随机数字来确定。例如,现在要调查某市小学生家庭年收入与数学学习成绩的关系。该市有几十所小学,因而不可能对调查总体中所有学生的家庭都进行调查,但可以考虑分层随机抽取的方法:首先,将这几十所学校根据某种标准进行分层,如根据教学质量好、中、差进行分层,在教学质量最好的、中等的和较差的小学中分别随机抽取两所学校;然后,在所抽取出的学校中再根据某个标准(如根据年级标准,即在每个年级中)随机抽取一个班;最后,在每个被抽取的班级中随机抽取若干学生(如 10 名学生)的家庭进行调查。这样,通过两次分层抽取和一次随机抽取,最后得到的样本就应该具有很好的代表性了,对这些样本的调查基本能够反映出总体的特征。

（二）调查中提出的问题

数学教学社会学研究调查中经常使用的方法包括问卷调查法、访谈法和测试法等。无论采用哪种调查方法，在调查中要解决的问题也即提出的问题才是最为重要的。研究者在选择问题时应该注意以下几点：

（1）问题应尽可能具体。具体的问题更便于被调查者理解，所得到的答案也会更为准确。一旦问题被抽象化，不同的被调查者对其的理解就可能会不一致，即出现所谓的歧义现象。例如，当问题中有"数学能力"时，被调查者对此的理解就可能不一致，而问题中有"运算能力"时，被调查者对此的理解就会比较一致。再例如，当问题中有"数感"时，被调查者对此的理解就可能不一致，而问题中有"估算能力"时，被调查者对此的理解就会比较一致。

（2）在确定调查中使用问题的类型时，研究者必须要考虑到诸如调查目的以及所探求信息的特征等因素。常用的问题类型有封闭式问题和开放式问题等，前者是指为被调查者提供了可供选择的答案，而后者则不包括回答项，允许被调查者自由回答。例如，当调查学生喜欢与数学教师进行何种形式的互动时，调查问卷最好设计成多项选择式的封闭式问题，这将有助于研究者控制被调查者对问题的理解，同时也容易将他们的回答归类。再例如，如果调查学生喜欢什么样的数学教师时，调查问卷最好设计成开放式问题，允许被调查者自由地表达意见。另外，研究者在确定调查问题时最好使用封闭式问题，这样被调查者可以比较方便地回答。相应地，研究者在设计封闭式问题时要注意将所有可能的答案都列举出来，避免被调查者在回答时出现无答案可选的情况。例如，如果在问题"你是否愿意和其他同学进行合作学习"后只给出了"非常喜欢"和"非常不喜欢"两个选择项的话，那么当某个学生对合作学习有一定程度的喜欢时就会无法选择。

（3）应尽可能中性地叙述问题。非中性的问题叙述可能会对被调查者产生某种暗示作用，暗示其应该采用某种方式来回答，而又能真正地体现出被调查者的真实想法。例如，如果问学生"为什么不愿意和异性同学进行合作学习"，那么这样的问题就是非中性的，因为它暗示了学生要找出不愿意和异性同学进行合作学习的理由。再例如，如果问学生"为什么在数学学习中喜欢使用计算器"，那么这样的问题也是非中性的，因为它会暗示学生找出喜欢使用计算器的理由。

（三）观察中值得注意的问题

在数学教学社会学研究中的观察一般是实地观察，也就是在实际的数学课堂中对教师、学生或教学活动进行观察，而很少用到实验室观察。数学教学社会学研究者在对数学课堂进行观察时，可以是非参与性观察，也可以是参与性观察。所谓非参与性观察是指研究者不参与到他所研究的社会活动和社会情景之中,而参与性观察是指研究者融入他所研究的社会情景之中,研究者实际上成为了他要研究的对象群体中的一员。就数学教学社会研究而言,研究者既可能是专门的数学教学社会研究学者(如高等师范院校的数学教学研究学者),也可能是中小学数学教师。当数学教学社会研究学者为进行研究而进入到数学课堂中进行观察时,他所进行的是非参与性观察。当中小学数学教师在自己的数学教学中同时进行社会观察时,他所进行的是参与性观察。当研究者进行非参与性观察时,学生们清楚地知道研究者的身份,知道研究者在对他们的行为进行观察。学生们有可能会改变其在日常数学课堂中的行为,而以另一种行为方式向研究者展示自己,从而使研究者不能够得到真实的第一手资料。在社会科学中,有一个著名的现象被称为"霍桑效应",即当被试者知道他人正在研究自己时,他们会改变自己的行为。这种现象在数学教学课堂观察中经常会发生。当观察者(如数学教学研究者或其他数学教师)进入到某个数学课堂听课时,无论是上课的教师还是听课的学生都会在某种程度上改变自己的行为,从而使得自己的行为变得更"好"。为此,研究者应该和教师进行充分的沟通,让教师和学生理解研究的意义,说服学生以平时同样的行为方式参与到数学课堂教学中,但即使是这样也很难保证教师和学生能以平时的行为进行课堂活动。此外,研究者还可以多次参与到同一课堂中反复观察,这也可以比较真实地观察到学生在数学教学中的行为。一般的数学教学社会研究者很难进入到数学课堂中进行参与性观察,因为在数学课堂教学活动中只有学生和教师才是活动的参与者。因此,如果教师自身成为数学教学社会研究者,在自己的数学课堂教学中同时进行数学教学社会观察,那么学生在课堂中的行为不会有丝毫的改变,教师可以通过观察得到完全真实的第一手资料,所以说,数学教师是最合适的数学教学社会活动的观察者。但是,教师作为数学教学社会活动参与观察者也有其不足之处,那就是他很难保持研究的客观性,而研究的客观性是数学教学社会研究的基本要求之一。假设数学教师进行这样的一项研究:数学教师与学生的互动对于学生数学学习成绩的影响。因为涉及自身,所以教师在数学课堂中进行观察就有可能难以做到客观。再如,假设数学教师进行这样的一项研究:男女互动与数学学习的性别差异。如果数学教师自身信念中认为男性在数学学习上优于女性,那么在该研究的观察中,他也可能难以做到客观。

(四) 充分认识到第二手分析的价值

当前在数学教学研究中有一种越来越注重调查的趋势,这是一个好现象,它使得研究者脱离了泛泛空谈,可以做到在研究中有理有据。正是由于对调查的重视,使得数学教学研究与现实的数学教学联系了起来。但是,我们应当看到,在这种趋势中也存在着一些比较盲目的调查情况,即不问青红皂白就进行调查。如有些已被公认的研究成果被不同的研究者进行过多次调查,造成了人力、物力、财力等资源的极大浪费。

在进行数学教学社会研究时,研究者无需在每个研究中都到数学课堂中收集新的资料。第二手分析就是将以前其他研究者所做的研究成果重新提炼、整理和分析,转化为回答新问题的主要信息来源。

运用第二手分析对于数学教学社会学的研究具有重要的价值。如果我们在每一项研究中都收集新的资料,这将花费大量的时间和精力,而实际上有许多资料已经在其他研究者的研究中收集过了。我们在研究中只要充分利用这些已有的资料,就可以很好地回答一部分问题。

运用第二手分析对于数学教学社会学领域发展的推进具有重要的价值。作为一个独立领域的数学教学社会学处于刚起步阶段,需要大量的理论知识和实践研究资料做基础,有大量的问题需要回答。如果我们对于每一项调查研究都从最基本的资料收集开始,这将会使得该领域的发展变得非常缓慢。实际上,在现有的数学教学研究中已经有很多的研究涉及数学教学社会学,只不过不是在数学教学社会学的名义下进行的。这些已有的研究中收集过的大量资料都可以被数学教学社会学研究者用来进行新的研究。例如,长期以来,数学学习中的性别差异是数学教学研究中的重要话题,这方面已经积累了大量的资料,因此研究者在进行关于性别与数学学习的相关研究时,应该要很好地运用这些资料。

(五) 两个策略

数学教学社会学研究中经常采用的策略有比较分析和重复研究,这两个策略在数学教学社会学研究中扮演着重要的角色。

比较分析是社会学研究中的重要策略之一,它一般是指几个社会体系的对比,如国家和国家之间的对比,或者一个国家内部的几个主要部分之间的对比,或者同一个社会体系在不同时点的对比。

就数学教学社会学研究来说,比较分析也是重要的研究策略之一,它可以分成如下几种情况:第一,不同国家数学课堂教学之间的对比。实际上,这方面的研究已经有过不少,数学教学研究中就有一个方向是数学教学比较研究。国内数学教学研究者在这方面也做了大量的研究工作,其中包括不同国家特别是中国与发达国家(如美国、日本、英国、德国、法国等)的数学课堂教学的对比研究,如《中美初中数学课堂教学的对比研究》《中英数学课堂文化的比较研究》和《东亚各国小学数学课堂教学的比较》等。第二,对一个国家内不同地区学校的数学课堂教学之间的对比。国内学者在这方面也做了不少的工作,其范围主要集中在城市和农村的数学课堂教学之间的对比上。第三,同一社会在不同时点数学课堂教学之间的对比,这方面的研究目的是发现数学课堂教学的社会变迁。在社会学研究中,社会学家经常进行纵贯研究和横剖研究。纵贯研究是指在一段时间内追踪同一群人所进行的研究。就数学课堂教学来说,我们可以对一个班级的数学教学活动进行追踪(如从小学一年级到六年级),发现他们在不同年级时在数学课堂活动中的变化和探究其变化的原因。纵贯研究的花费是很大的,因而社会学家更经常地用横剖方式来研究社会变迁。横剖研究是把某一时点上不同年龄、教育程度、经济收入以及种族背景的人的回答进行对比。在数学教学社会学研究中,我们可以将数学成绩、家庭背景等相似的不同班级的数学教学活动进行对比,从而发现它们之间的差别。例如,我们选择的都是以城市工人家庭的子女为主、数学成绩中等的普通班小学一年级到高中三年级进行对比,从而发现他们在数学课堂教学活动中的差别。在做研究时,我们假设:低年级的学生在升入高年级后会有和现在高年级学生同样的数学课堂行为。这样的假设虽然未必准确,但由于学生的数学能力和家庭背景的相似性,假设会有相当的合理性。

重复研究对于自然科学家来说是比较简单的,如物理或化学中的某个实验研究,但是对于社会科学家来说,重复研究则并不简单。当我们做了一项数学教学的社会调查研究后,得到了某一个结果。事实上,我们并不能完全确定这个结果是否具有更为一般的意义。也许我们所选择的样本并非是正态样本,也许我们在研究过程中存有当时并没有意识到的错误,等等。为此,我们希望能够重新进行一次调查研究。重复研究能够使得我们找出原来研究中出现的错误,同时也有助于我们更为透彻地理解先前的研究结果站得住脚或站不住脚的原因。为了追求更准确的数学教学的社会研究结果,我们不仅要重复自己做过的研究,也希望其他研究者对我们的研究结果进行重复研究,这样有助于消除研究者的偏见,从而使得研究结果更为客观。实际上,数学教学社会研究学中的许多研究与都已经或将会被别的研究者进行重复研究,而且后得到的研究结果与原先的研究结果完全矛盾的情况也是经常发生的。例如,对于数学教学中小组合作效果的研究,有的研究者得出了合作学习有助于全体学生在数学上得到发展的结果,而有的研究者得到的结果是合作学习只能促进部分学生在数学上得到发展。再例如,一些研究表明数学学习的性别差异在小学阶段是不明显的,而有的研究则表明在小学高年级阶段就已经显现出数学学习上的性别差异。

第三章　数学课堂的结构

数学教学,即数学的教和数学的学,它的主体必须包括教师与学生。就一般来说,数学教学主要发生在数学课堂中,但是在数学课堂之外,也会有数学教学的发生。例如,学生在家中学习数学遇到困难时,可以通过电话或网络通信(QQ、微信、邮件)等方式向教师请教。虽然目前数学课堂仍然是数学教学的主要场所,但随着现代技术的不断发展,今后的数学教学是否还以课堂为主要场所则不可知了。

第一节　数学课堂的构成

1961 年,E. G. Begle 提出了学校数学教学的结构,如图 3.1 所示。在该结构中,学校数学教学包括数学教师、一群学生和数学教科书,这可能是数学教学中教师、学生和教学内容"三足鼎立"的最早表述[①]。

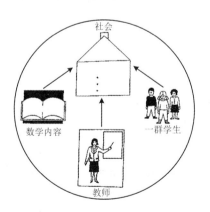

图 3.1　数学教学的结构

随着现代技术在数学课堂教学中的运用,教师、学生、教学内容和现代技术的

---

① Grouws D A. Handbook of Research on Mathematics Teaching and Learning:A Project of the National Council of Teachers of Mathematics[M]. New York:Macmillan Library Reference,1992.

"四足鼎立"也被广泛认可。无论是"三足鼎立"或"四足鼎立",从社会的角度看,涉及数学课堂教学的群体构成就是数学教师和一群学习数学的学生,不过数学教学内容和教学技术在数学教学社会活动中也发挥了重要的作用,没有它们,学生和教师的社会活动就会因为缺失中介而无法进行。

数学课堂中的教师和学生构成了一个特殊的群体。群体成员不仅是人群的集合或社会的类属,它展示的是成员之间相互联系的独特模式。就数学课堂来说,数学教师和学生形成了一种社会结构并对其成员有着确定的希望,即能够完成数学教学任务以及使得学生在数学上得到发展。

任何群体中的成员都具有一定的关系。社会学家很早就划分出两个基本的群体类型,即初级群体和次级群体,在初级群体中的成员具有的关系称为初级关系,而在次级群体中的成员具有的关系称为次级关系。

最早提出"初级群体"的学者是查尔斯·霍顿·库利,他于1909年提出了该概念[①]。不过,今天我们对于初级群体的理解与库利当初的界定是有一些差别的。库利的初级群体是指家庭和儿童的嬉戏群体,而今天这个词已经被扩大到用于有类似家庭纽带关系的所有群体中。初级关系是一种个人的、情感的、不容易置换的关系,它通常包括每个个体的多种角色与利益。初级关系具有如下一些特征:关系中的每个个体都扮演着多种角色,并把许多个人利益带了进来;关系中包括广泛的角色和利益,因而包括了全部的人格;关系中有大量的自由交往;关系中的人与人之间的交往是充满感情的;关系不会轻易地从一个人转移到另一个人。正是由于以上的特征,因而初级关系为人们提供了人格发展的机会。实际上,库利早在一百多年前就将初级群体看作是"人类本性的培养所"。

次级群体是为了达到某种特殊目的而设计出来的群体。次级关系是一种特殊的、缺乏情感深度的关系,它只包含个人人格的某些方面。例如,办公室工作人员之间通常具有次级关系。

在了解了初级群体和次级群体的概念后,我们的问题是:中小学数学课堂应该属于哪种群体? 从中小学数学课堂的设立来看,它显然是一个次级群体。这是因为中小学数学课堂是为了使中小学生在数学上甚至在一般意义上身心得到发展这样一个特殊的目的而设立的。上数学课时,数学教师和学生进入到课堂中,下课后,教师和学生就离开课堂。从表面上看,数学课堂似乎并没有初级群体的特征。但我们要说的是,为了有效地进行数学教学,中小学数学课堂应该具有一定的初级群体的特征,也就是说,它既要具有次级群体的特征,也要具有初级群体的特征,我们给它起个名字叫"初次级群体",在该群体中,成员之间相应地具有初次级关系。

数学课堂是为数学学习而设立的,一切为了学生的数学学习应该是课堂活动

---

① 波普诺.社会学[M].10版.李强,译.北京:中国人民大学出版社,1999.

的核心出发点。影响学生数学学习的因素不仅包括学生的智力和思维特征,还几乎涉及包括他们人格在内的所有方面。因此,如果数学课堂中的成员能够对其他成员的各个方面都有较好的了解,那么一定会有助于整体教学效果的提升。另外,高素质和崇高人格的培养是包括数学教学在内的所有课程教学的任务,数学教学着重于学生的数学发展,但也要从更高的层次上来发展学生的素养和人格。

就教师与学生之间的关系上看。教师要进行有效的教学,要真正发挥教学中的主导作用,就必须深入地了解学生。我们常说的"备学生"实际上也就是这个意思。而教师要做到深入地了解学生,很重要的一点就是与学生之间建立密切的关系。无论是教师还是学生,他们包括人格在内的各个方面只有在相互的密切接触下才能表露出来,才能为对方所了解。只有在对学生有了充分了解的基础上,教师才能进行有针对性的教学,才能做到因材施教。另外,学生和教师之间建立了密切的关系,学生喜欢教师的教学、信任教师,才能积极参与教师组织的教学活动,才能认真进行数学思维从而完成教师提出的任务,古人所谓"亲其师,信其道;尊其师,奉其教;敬其师,孝其行"也就是这个意思吧。在数学课堂中,教师扮演着多重角色,如数学知识的传授者(即传统意义上教师的角色)、长者(类似于父母亲)、学习的合作者和同伴等。相对于教师的角色,学生也扮演着多重角色,如数学知识的接受者(即传统意义上学生的角色)、后辈(类似于儿女)以及学习的合作者等。

就学生与学生之间的关系上看。现代的数学教学与传统的数学教学即使从形式上看也有很大的差别,其中重要的差别之一就是学生之间的合作学习。要使得小组的合作学习能够顺利有效地开展,同学之间的相互了解和密切关系是必需的条件,小组成员之间相互了解得越多(包括知识、能力和性格特征等),关系就越密切,合作就越融洽,学习的效果也就越好。在数学课堂中,相对于其他学生而言,每个学生都扮演着学习上的兄弟姐妹、学习上的合作者甚至是指导者的角色。

综上所述,在现代的数学教学中,为了能够进行有效的教学,教师和学生之间以及学生与学生之间必须建立多方面的相互了解。首先,师生之间建立密切的联系有助于教学任务的顺利完成。其次,在一个具有亲密关系的数学课堂中,学生之间相互学习、相互尊重、合作研究,他们的人格也能够得到更好的发展,而这反过来又会促进教学任务的顺利完成和学生在数学上的发展。因此,在中小学数学课堂中,师生应该形成初次级群体,他们之间应该形成初次级关系。

但在现代的中小学数学课堂中,师生之间很少能够形成初次级关系,在大多数情况下,他们之间的关系更倾向于次级关系。一般情况下,随着班级人数的增加和年级的升高,师生之间的次级关系就越发明显,这样不仅对数学教学任务的顺利完成产生负面的影响,也不利于学生健全人格的发展。

社会学家认为,社会成员的共同性需要有两类,即工具性需要和表意性需要。社会学家认为这两种需要之间的差异是人们形成社会群体的基本原因。在数学课堂这个小社会中,作为主要成员的学生也有工具性需要和表意性需要。这里的工具性需要可以理解为学生通过参加数学课堂中的活动从而能够更好地学习数学。的确,学生可以一个人学习即自学,但在数学课堂中,有专业的数学教师根据学生的特点为他们安排适当的教学内容,在他们学习出现困难时给予启发引导。还有,在数学教学活动中,同伴之间的讨论和合作也非常有利于他们的学习。相对于其他学科来说,数学更具有抽象性和形式化,因此数学学习是一件非常困难的事情。但是当学生加入到数学课堂的学习中时,数学学习则显得容易得多。以上论述解释了数学课堂是能够满足学生数学学习的工具性需要的。和自学相比,数学课堂教学更加能够满足学生在数学学习中的表意性需要。当学生在数学学习中遇到困难时,他们需要有人支持,而在数学课堂中教师和同学都能起到支持的作用;当学生经过努力的思考解决了数学问题时,他们需要有人对他们的成就进行鼓励,而在数学课堂中教师能起到这样的作用,同学也会给予赞扬;当学生对某个数学问题有了自己的想法时,他们需要有人倾听,而在数学课堂中同学能够起到这样的作用,等等。这些来自同学和教师的帮助、鼓励和倾听,对于学生的数学学习产生的作用是不可忽视的,实际上,它们对于学生正常的智力和心理发展也发挥着重要的作用。试想,如果学生不是在数学课堂而是在家中孤独地自学,那么有了想法谁来听?有了困难谁来支持和安慰?简单地说,他们在数学学习中的表意性需要如何得到满足?

以上分析也揭示了数学课堂中的群体关系与学生需要之间的内在关系。粗略地说,初级关系对应着学生的表意性需要,次级关系对应着工具性需要。在一个只有次级关系的数学课堂中,学生也许能够实现工具性需要;在一个只有初级关系的数学课堂中,学生的表意性需要也能在一定程度上实现;但在一个师生之间具有初次级关系的数学课堂中,学生的工具性需要和表意性需要才能够都得到实现。

不难理解,建立具有初次级师生关系的数学课堂的关键点在于教师。正是教师对于学生的爱和对于数学教学的爱,使得他们不仅能够通过数学教学真正地满足学生的工具性需要,也能最大限度地满足学生的表意性需要。

第二节　数学课堂中的教师

在数学课堂这个由数学教师和学生构成的群体中,教师处于一个非常特殊的地位。一个人能否成为一名数学教师在很大程度上是由社会决定的。我们知道,真正意义上的学校出现的历史并不长,其出现与社会发展到一定程度(包括数学在内的科学技术以及其他方面知识有了相当的发展和积累)有直接的关系,这些科学技术等方面的知识在社会发展中占据着越来越重要的地位,迫使社会需要将这些人类积累多年的知识传递给下一代,这时才有了学校并进而有了包括数学教师在内的教师职业。为了使得社会中的某些人能够成为数学教师,社会根据某些人的数学等方面的能力安排专门的培训,将他们训练成能够教授学生数学知识的数学教师。可见,在一个人成长为数学教师的过程中,虽然个体自身对于数学的喜好和努力不可缺少,社会在其中也发挥了极为重要的作用。

社会学家通常会从收入和财富、权力、声望以及社会地位等方面来考察群体中的个体。而在数学课堂这样一个小社会中,对教师能力的考察自然不能从收入和财富等经济利益角度出发,但可以从其在数学课堂这个社会中的权力、声望和地位等方面来审视。

一、数学课堂中教师的权力

权力是指个人或群体控制或影响他人行为的能力,而不管别人是否愿意合作。

数学教师在数学课堂中拥有权力,这种权力来自两方面。一是数学教师拥有的数学知识。后现代主义代表人物之一的福柯认为,权力和知识之间存在着直接的关系或简单地说"知识就是权力","权力和知识是直接相互蕴含的,不相应地建构一种知识领域就不可能有权力关系,不同时预设和建构权力关系也不会有任何知识"①。因为,相对于数学课堂中的学生来说,教师所具有的数学知识是中小学生难以相比的。我们可以将数学教师因拥有数学知识而获得的权力称为知识性权力,教师具有的数学知识越深厚,那么其具有的知识性权力就越大。二是教师具有的权力是一种社会赋予性的权力,社会选择了某人作为数学教师,实际上就赋予了该教师在数学课堂中行使权力的权力。正是数学教师拥有知识性权力和社会赋予性权力,导致了教师在数学课堂中具有权力。由于教师所拥有的知识性权力和社会赋予性权力具有绝对性,因而数学教师在数学课堂上的权力也具有绝对性,它不会因为时代的改变而改变,也许教师在课堂上行使权力的方式会有所变化,但教师在课堂中拥有权力的本质是不会改变的。所以,那种认为数学课程改革会使得教师在数学课堂中的权力减弱或消失,以及现代技术在数学课堂中的运用会减少教师的权力等观点,都是不正确的。

那么,教师在数学课堂教学中是如何行使权力的?西蒙等人曾将数学课堂分成基于改革的数学课堂和传统的数学课堂。基于改革的数学课堂是指学生参与到数学问题的探究中,口头或书面交流在探究中的想法,并且对这些想法进行验证、修正和确认。因此,学生在数学课堂中的角色类似于数学家在数学创造过程中的

---

① 福柯. 规训与惩罚[M]. 3版. 刘北成,杨远婴,译. 北京:生活·读书·新知三联书店,2007.

角色。而在传统的数学课堂中,教师和教科书成为数学学习的知识来源以及数学合法性的评判。在我国当前数学课程改革的背景下,我们可以简单地将数学课堂教学分成传统的数学课堂教学和基于新课标的数学课堂教学。将符合数学课程标准理念的数学课堂教学称为基于新课标的数学课堂教学,反之则称为传统的数学课堂教学。显然,这样划分过于简单也谈不上科学,只是方便说明问题。我们已经知道在数学课堂中教师是有权力的,无论是在传统的数学课堂中还是在基于新课标的数学课堂中,无论是我国当前的数学课程改革还是一般的数学教育改革,如果从权力的角度看,都可以理解为教师在数学课堂中行使权力方式的改革。在传统的数学课堂中,数学教师的权力行使主要体现在将一定的知识和技能传授给学生、督促学生通过练习等方式掌握这些知识和技能,以及通过考试等手段对学生的数学学习做出考核。而在基于新课标的数学课堂中,教师的权力行使主要表现为:为课堂教学确定一定的内容;在研究学生的现状和课程标准的基础上制定出教学目标;为学生的数学学习设置适当的情境;引导学生对有关材料进行观察;给学生的数学思维和动手操作提供机会;对学生在解决问题过程中出现的困难进行启发引导从而调动学生的学习积极性;对学生的数学学习进行激励性的评价等。通过比较可以看出,传统的数学教学中教师权力行使的方式与基于新课标的数学教学中教师权力行使的方式有着极大的区别。不难发现,无论是传统的数学课堂还是基于新课标的数学课堂,教师的这些权力行使都影响着学生的数学学习。在基于新课标的数学课堂中,由于更多地强调了学生的动手实践和合作学习,因而教师往往会产生这样的疑问,即在课堂中自己的权力是不是减小了? 通过前文的分析可见,教师不用担心自身权力的大小,而是应该关注如何转变权力的行使方式,使得自己在数学课堂上的权力发挥更加符合新课标的理念或数学教学改革的要求。

在社会上,一些个人或群体行使权力往往是为了自身利益,那么数学教师在数学课堂中行使权力是为了谁? 社会学家在研究权力的时候着眼点常常是:为什么要行使权力以及谁会从中受益? 我们在此可以问一个相似的问题,即在数学课堂中数学教师为什么要行使权力以及谁会从中受益? 数学教师在数学课堂中行使权力并不是为了自身利益,而是为了学生的数学学习。数学教师是受过高等师范院校数学系培养的专门人才,他们具有深厚的数学知识和教授学生数学知识的技能,因此他们能够根据学生的特点和数学知识的特点来组织教学,为了学生在数学学习上得到发展,给学生提供动手操作和进行数学思维的机会,在学生学习困难时适当地进行启发引导,对学生的数学学习进行积极的评价以及对学生在课堂中的不良表现进行批评,等等。教师在数学课堂中的这些行为正是他们行使权力的具体表现,这实际上也就是我们平时所说的"教师在数学课堂中具有主导作用"。可见数学教师在数学课堂中的主导作用和权力行使是不冲突的。正因为数学教师在课堂中具有权力,他们才能发挥主导作用,而要在数学教学中发挥主导作用,就必须要有权力做保证。试想,如果数学教师在数学课堂中没有影响学生进行活动的权力,那么他们又如何能够发挥主导作用从而进行有效的数学教学? 从以上分析也可以看出,在数学课堂教学中,教师行使权力的受益者是课堂中的学生,正是在教师的权力影响下,学生才能够拥有良好的学习环境,才能够学习到与自己知识能力相适应的数学内容,才能够得到教师的启发引导和鼓励,简言之,才能够学好数学。

数学教师在课堂中的权力绝对性并不意味着其权力能够在数学课堂中得到顺利的发挥,而后者意味着教师对学生的数学学习行为产生影响。数学教师权力产生的环境是数学课堂,而数学课堂是由众多的学生和单个的教师所组成。作为教师权力影响的接受者,学生如果不具有"正常的条件",那么教师的权力将无法施行。这里,所谓"正常的条件"是指学生具有学好数学的目的并且接受正常的社会规范。如果学生没有学好数学的目的,那么他就不会在数学课堂中产生学习数学的行为,更不会接受教师在数学知识上的指导和帮助。如果学生不接受正常的社会规范,那么他就可能不会接受教师的社会赋予性权力,在课堂中不接受教师的教学管理,不按照教师的要求进行相应的行为。

二、数学课堂中教师的声望

社会学家所说的声望是指一个人从别人那里所获得的良好评价和社会认可。就数学课堂来说,教师的声望是指教师从课堂中的学生那里获得的良好评价与认可。声望可以以多种形式出现,就数学课堂来说,教师获得声望的形式主要是学生的接受和尊重。而学生对教师的接受和尊重主要来自于两个方面:其一是教师本人在数学课堂教学中所表现出来的知识水平和人格水平,如尊重学生和平等对待学生等;其二是学生受到家庭和社会的影响。虽然前者是教师获得学生接受和尊重的主要方面,但后者的影响也不可小觑。

先看第一个方面。作为数学教师,必须要有扎实的数学基础,要能够"居高临下"地开展数学教学,所谓"高观点下的数学教学"就是这个意思。目前,绝大多数的中小学数学教师都是经过数学专科或本科及以上学历的专业学习,因此在数学教学要求简单的小学和初中低年级阶段,这些教师的专业知识完全可以应对。但是在初中高年级和高中阶段的情况就不一样了,学生会遇到各种困难的数学题,会提出各种疑问,如果教师不能给予很好的解答,那么学生就会对教师的数学知识能力产生质疑。当学生认定他们的教师数学水平不高时,那么教师在课堂中的声望就会大打折扣。这里,我们穿插一个数学师范教育中的问题:高等师范院校数学系为师范生开设了一门"初等数学研究"的课程,这门课程是对初等数学的系统而深入的研究,而中小学数学主要涉及的就是初等数学,因而这门课程对于中小学数学教师能否开展高水平的教学是非常重要的。但是,这门课程在今天的高等师范学校数学系中开设的现状并不令人乐观,课时被普遍减少,有的学校甚至将这门课程由传统的必修课改为选修课。由于学校的忽视,师范生对于这门课程也自然就不能给予应有的重视,最终导致了他们对初等数学知识掌握得不扎实,也就出现了新数学教师甚至有经验的数学教师在教学中有时不能很好地将数学知识讲解清楚。例如,为什么说"复数无大小"? 为什么当 $x=2$ 时,$\dfrac{x^3-8}{x-2}$ 值为 12?

另外,数学教师不仅要具有扎实的数学知识,还应该具有高尚的人格,特别是能够做到在教学中尊重学生和平等对待学生,教师的"师"字不但是知识之师,也应该是人格之师。从人格角度说,学生和教师完全是平等的,教师在课堂中具有权力并不意味着教师在人格上高于学生。对于任何人来说,尊重都是相互的。教师要想获得学生的尊重,首先要尊重学生,教师对学生的尊重不只是说说而已,而是要落实在数学教学过程中。教师对学生的尊重不能仅限于人格方面,还应该尊重学生的个性特点、思维习惯和智力水平。除了对学生的尊重外,平等对待每个学生也是教师赢得学生尊重的一个重要方面。教师在数学课堂中对每个学生都应该平等对待,这意味着教师不会因为学生的知识能力、智力、性格特点、家庭背景甚至身体缺陷而产生偏向或歧视。而在实际的数学课堂上,教师由于这样或那样的原因对部分学生产生偏爱或歧视都是比较常见的现象。试想,那些在课堂上受到教师歧视的学生怎么会尊重教师,而那些受到教师偏爱的学生也未必会真正地尊重教师。我们不难发现这样的现象,在数学课堂中教师会经常提问几个成绩好的学生,成绩差的学生几乎得不到回答的机会;我们也听说过这样的事情,有些数学教师经常为那些家庭背景优厚的学生提供额外的补课,而没有耐心为家庭背景差并且成绩差的学生提供帮助;我们还能看到,有些数学教师在和一些学生交流时面带微笑,而对另外一些学生则冷眼相向。在面对以上这些问题或现象时,我们应该明确的一个问题是:数学教师在课堂上的公平是指对课堂中的所有学生同样关心和尊重,这更多的是涉及人格方面,而不能解释为在数学教学中对所有的学生一视同仁,对所有的学生提出同样的要求,对所有的学生给予同样的学习任务。由于学生的数学基础不同、数学能力不同、数学思维方式不同,因而当教师在教学中对所有的学生都一视同仁的话,那么这就不是公平而是歧视了。数学教学中的公平是指应该根据学生的具体情况施行有针对性的教学,从而使得每个学生在原有的基础上得到发展,实际上这也就是古人所说的"因材施教"。

再来看第二方面。在任何社会中,不同职业的社会地位都是不同的。所谓社会地位是指在一个社会等级体系或分层系统中的等级位置。一个人在社会中的等级地位越高,其获得的声望也就越高。在古代,某个人或职业有较高的社会地位可能是由于其具有强有力的体魄从而在打猎或耕作中有更多的收获。在今天,某个人或职业的社会地位的高低更多的是由其拥有的知识技能或在社会发展中发挥的作用决定的。教师的等级地位会随着所在社会的不同而有所不同。一般来说,在一个较为传统的社会中,教师的等级地位会比较高,在一个比较重视文化的社会中,教师的等级地位也会比较高,因为在这两种社会中教师的作用都是比较大的。教授不同年级层的数学教师的社会地位也不同。一般来说,中学教师的社会地位比小学教师的社会地位高,这是因为人们普遍认为中学教师比小学教师具有更丰富的知识和更高的智慧。例如,在美国,高中教师的声望就比小学教师高很多,以100 分为满分来计算,倘若小学教师的声望为 64 分,高中教师的声望则达到 74 分。不同学科的教师在同一个社会中的社会地位也会有所不同。一般来说,数学教师在所有教师中占有更高的地位,这是因为数学教师被认为具有更高的智慧。数学教师社会地位的高低能在一定程度上影响到其在数学课堂这个小社会中的声望。如果数学教师具有较高的社会地位,那么在课堂中学生会对其更加敬重;而如果数学教师在社会上具有很低的地位,那么在课堂中往往会得不到学生应有的敬重。中小学生不仅是数学课堂这个小社会中的成员,更是大社会中的一分子。教师在社会中的社会地位和声望不可避免地通过家庭、同伴和大众传媒为学生所知晓和认可。学生在数学课堂上如何看待数学教师不是仅以其学识能力作为唯一参考,而是自觉或不自觉地将一般社会成员对数学教师的认识添加进来,这样所构成的一种复合决定了学生对数学教师是否敬重以及敬重的程度。例如,一位数学教师同时也是所在学校的校长,那么学生在数学课堂中对该教师的敬重一定会大于单纯作为数学教师所得到的敬重。

第三节　数学课堂中的学生

学生是数学学习的主体,是数学活动的中心,这应该是当今中外数学教学领域的共识。学生之所以要进入数学课堂学习数学,是因为数学在社会发展中的重要作用使得下一代社会成员必须学习这门学科才能适应社会发展的需要。在本节中,我们讨论两个问题,即学生在数学课堂之外的学习对数学教学的影响以及在数学课堂中学生的权力和社会地位。

一、学生在数学课堂之外的学习对数学教学的影响

换句话说,就是学生在大社会中的学习对于数学课堂小社会中的数学学习的影响。为了便于理解,这里将学生在大社会中的学习划分成两个部分,即数学知识的学习和数学教学相关观念的形成。

（1）数学知识的学习。随着社会的发展,很多现代深层次的数学知识与现实

的社会生活并没有明显的联系。但是,中小学数学教学中的很多知识却与现实的社会生活密切相关,这些知识的应用在学生的日常生活中都可以找到原型。用"数学来源于生活"这句话来比拟中小学数学知识是有一定道理的。例如,小学数学中的自然数和初中几何中的平行线等。另外,一个人的学习并不是只限于学校的课堂中,在日常生活和工作中,学习处处存在。日常生活中的学习可能是有意识的,但更多情况下是无意识的。由于现实世界中的许多事物和现象都与数学相关,学生在进入学校学习之前,在家庭或社会生活中、在与他人的社会互动中,都会有意无意地学习到大量的"数学知识",当然,他们在生活中学习到的"数学知识"往往并不是真正的数学知识。例如,"1 个苹果"不是数学知识,"1"才是数学知识;"三角形的物体"不是数学知识,抽象的"三角形"才是数学知识。我们可以将学生在日常生活中学到的这些"数学知识"称为"原始数学知识"。虽然学生在日常生活中学到的"原始数学知识"并不是真正的数学知识,但是与真正的数学知识是有联系的。显然,数学课堂这个小社会是大社会的子集,就数学学习而言,小社会与大社会也是有着联系的。来自于大社会的学生即使是刚上一年级的小学生,他们进入数学课堂之前的大脑也不是一张白纸,而是已经具备了"丰富"的数学知识。

那么,学生从数学课堂之外的社会中学习的原始数学知识对数学课堂中的数学教学会产生怎样的影响? 不难看出,学生所具有的原始数学知识对于数学课堂的数学教学既有正面的影响,也有负面的影响。由于很多中小学数学知识可以从日常生活中引出,而学生的原始数学知识与日常生活是密切联系的,因此当教师设置数学情境来教学时,学生所具有的原始数学知识将有助于他们更好地理解新的数学知识。例如,在"平行线"课程的教学中,生活在铁路附近的学生都已经知道铁轨的两边是平行的,生活在大河附近的学生也知道大河两岸是平行的,如果教学从铁轨的两边或大河的两岸入手,学生会更好地理解平行线的概念。因此,教师在数学情境设置中应该考虑到学生原始的数学知识和生活现实。正如前文所指出的那样,学生在大社会中学到的原始数学知识并不是真正的数学知识,而是含有与数学知识相似的成分而已。因此,有些原始数学知识也可能会使学生对数学专业知识的理解产生负面影响,使得他们产生错误或片面的理解。例如,日常生活中的"垂直"与数学中的"垂直"有较大的差别,前者是指铅锤从上向下的垂直,后者是指两条直线或两个平面之间的位置关系;日常生活中的"数"与中小学数学中的"数"也有较大差别,前者是指自然数,后者是指自然数,或者有理数、无理数、复数。由于这些原始数学知识会影响到数学专业知识的正确理解,因而在教学中,教师应该特别注意向学生指明两者之间的区别,多举例加以说明。

(2) 数学教学相关观念的形成。学生除了在日常生活中学习到一些原始数学知识外,他们还会在无意识中形成一些数学教学的观念,这些观念主要指的是对数学、数学教学和数学学习的认识。在学生形成最初的数学教学观念的过程中,家庭扮演着一个特别重要的角色。在现代社会中,小孩的父母都或多或少地学过数学,他们在学习数学的过程中会形成独有的关于数学教学的看法,并在与孩子的互动中往往会无意识地表露出来。例如,父母可能会告诉孩子"数学是很难的,等你上学后,一定要好好学习数学,不然就会考不及格""数学没有什么用处,语文的用处很大""数学教师是很严厉的"等,而这些观点很有可能会影响孩子的数学学习。遗憾的是,由于在过去很长一段时间数学教学上存在的问题,造成了大批数学学习的失败者,使这些人形成了对数学教学的偏差性认识,包括"数学是无用的""数学就是记住公式""对于大多数人来说,数学是学不好的,只有那些特别聪明的人才能学好数学""要学好数学就必须做大量的题目,学不好数学是因为题目做的不够多",等等。这些错误的数学教学观,使得这批失败者在与他们孩子的交流中潜化了孩子,使孩子对数学教学也形成了错误的认识,从而对其数学学习产生负面的影响。除了家庭对孩子最初数学教学观的形成产生影响外,孩子的同伴以及大众传媒(如电视)也会在一定程度上影响孩子对数学教学的最初认识。不要小看一个人的数学教学观,数学教师的数学教学观会在很大程度上影响其数学教学,而学生的数学教学观则会在相当大的程度上影响其数学学习。国内外的数学教学研究者对数学教学观与数学教学的关系也有过不少的研究。关于数学教学观对学生数学学习影响的更详细论述,可以参见笔者的论文《对高师数学师范生信念改变的思考》和《社会视角下对学生数学教学信念的研究》。

很早之前,有观点认为"一个人的观念会直接决定其行为",后来逐渐深化为"一个人的观念与其行为之间有着相互作用的关系"。将这种观点运用于数学教学中,就是指学生的数学教学观念与其数学学习行为之间是相互作用的,即数学教学观念在一定程度上会指导学生如何进行数学学习,而数学学习也会影响其数学教学观念的形成。这种相互的关系实际上也改变了很早的一个关于观念的认识,即一个人的观念一旦形成就难以改变。因此,我们可以得出这样的结论,即一个学生的数学教学观可以在数学教学过程中加以改变。综上所述,学生最初的数学教学观的形成是很重要的,当它与今天实际的数学教学观相符合时,就会促进学生的数学学习,而当它与今天实际的数学教学观不一致甚至矛盾时,就会对学生的数学学习产生负面影响。

通过以上两点分析可知,学生即使是一年级的小学生进入数学课堂时,大脑中已经存有一定的数学知识和数学教学观念,这些都是在大社会中形成的。数学教师应该认识到学生已具有的相关知识和观念可能会对数学课堂教学产生正面或负面的影响,恰当地利用和改造这些知识和观念,可以促进学生更好地学习数学。

二、数学课堂中学生的权力和地位

在较早的研究中,笔者提出当学生进入到数学课堂中,他是具有一种特殊身份的,这种特殊身份是由两种身份共同决定的,即数学性身份和非数学性身份①。数学性身份是由学生的数学学习带来的,非数学性身份是由包括家庭背景在内的其他因素决定的。现在,笔者要将以上的观念修正为:学生的非数学性身份在正常的数学课堂中的作用是可以忽视的。因为虽然每个学生都来自不同的家庭,但是当他们进入到数学课堂中,其家长在社会上的权力、地位和声望在正常的情况下都与其无关(一些特殊情况在此不予考虑)。

如同对教师的权力考察一样,我们也从传统的数学课堂和基于新课标的数学课堂两种角度来研究学生在数学课堂中的权力问题。在传统的数学课堂中,学生的主要任务就是接收教师传授的知识,虽然不少的教师也会考虑到学生的心理和认知特点,但从总体上看,学生对教师的影响是很小的。我们经常听说的"一本教案用一生"虽然有些夸大,但它确实是传统数学教学课堂中相当一部分教师工作的写照,也说明了在这样的数学课堂中学生对于教师教学行为影响之小。教师在不同的班级和不同的学年用着几乎相同的教案,并不因为学生有了改变而改变其教学设计,这正是教师不考虑学生的学习实际情况和学生不会影响教师教学行为的证明。从这个角度看,在传统的数学课堂中,学生群体是无权力的,因为他们不能对教师的教学行为产生影响。那么,如果从单个学生的角度看,他是否会对其他学生的学习行为产生影响?如果能够产生影响,那么也就是说,虽然作为整体的学生群体是无权力的,但单个的学生还是有权力的。实际上,由于在传统的数学教学中,学生之间并没有相互作用,因而单个学生并不会对其他学生的学习行为产生影响,所以单个学生也是无权力的。和传统的数学课堂相比,基于新课标的数学课堂发生了很大的变化,教师从教学理念到教学行为都有了较多的改变,因此考察基于新课标的数学课堂中学生的权力问题比起传统数学课堂要更为复杂。

从更广义的角度看,在基于新课标的数学课堂中,无论是作为群体的学生还是作为个体的学生都是有权力的。从学生群体来看,在数学教学中,教师要依据学生现有的数学知识和能力进行教学设计和教学实施,换句话说,学生直接影响了教师在数学课堂教学中的行为,因此作为一个群体的学生在课堂教学中是有权力的。从学生个体来看,数学教学设计是一种预设,在很多情况下,教师的实际教学活动与教学设计并不一致,有时甚至有很大的差别。造成这种差别的重要原因之一是"生成"的出现。"生成"一词是近年来才出现的,它的出现凸显了学生权力的发挥。而"生成"在很多情况下就是指个别或一些学生在数学教学中产生了问题或提出了新的问题(当然,在数学教学中,教师也会有"生成"问题)。正是这些新问题改变了教师的教学预设,从而不但对教师也对其他学生的学习活动产生了影响。

如果不考虑作为整体的学生群体在基于新课标的数学课堂教学中的权力,上

---

① 郑毓信,张晓贵. 学习共同体与课堂中权力关系[J]. 全球教育展望,2016(3).

面的分析也说明了这样的事实,即在基于新课标的数学课堂中有些学生是有权力的。下面将考虑一个更为一般的问题,即在基于新课标的数学课堂中是不是有一些学生比其他学生具有更大的权力?

我们先来看基于新课标的数学课堂教学中经常使用的一种教学方法,即小组合作学习(关于小组合作学习更详细的社会分析可见后面的章节)。小组合作是目前世界各国数学课堂教学中被广泛使用的一种教学方法,也被我国的数学课堂标准所推崇,称它为一种"合理"的学习方法(实际上也是一种课堂教学方法)。关于数学课堂中的小组合作已经有过很多的研究,例如,将数学课堂的小组合作模式归纳为"个体探索—展示思想—质疑—辩解"(实际上这也是科学的小组合作学习的结构)。在个体探索部分,小组中的成员就所面临的问题进行个体探索,通过个体探索小组成员形成了自己解决该问题的思路,这是合作的基础,没有这一部分,就谈不上合作。在展示思想部分,小组成员分别谈自己的解题思路。在质疑部分,其他成员对每个成员所谈的解题思路进行质疑。在辩解部分,每个成员对其他成员的质疑进行辩解。应该说,该模式体现了数学学习的特点,有助于小组中的每个成员的数学能力发展。但是在实际的数学课堂中,数学教师们往往会在每个小组中确立一个小组长。原则上,小组长的选择是以数学水平为标准的。因为教师希望小组长在各个小组中能够扮演"小教师"的角色,用教师的话来说,小组合作就是"小教师代替大教师"。在这样的小组中,小组长确实起到了"小教师"的作用,他给小组中的其他成员解释疑难、启发引导以及对其他成员的工作进行评价等,客观上起到了教师的部分作用。如果从权力的角度来看,在小组内,由于小组长影响或控制着小组中其他成员的行为,因而小组长是有权力的。由于在数学课堂中总会有好几个小组,因而肯定会有好几个学生是有一定的权力的。

那么是不是可以说,在数学课堂里的学生之中,除了"小教师"之外的其他学生都没有权力? 另外,学生的有权和无权是不是固定不变的? 对于这些疑问,我们可以用共同体的理论知识来加以诠释。

笔者在较早的研究中曾提出"课堂学习共同体"的概念,即处于同一班级之中并且共同从事学习活动的所有学生和教师。课堂学习共同体的核心是教师,拥有着影响全体学生学习活动的权力;而在靠近核心的地方是几个小教师;在几个小教师之外是一些数学成绩比小教师稍差但对于其他同学也有一定影响的学生。例如,同桌的两个学生,一个成绩好,另一个成绩差,那么成绩好的学生会对成绩差的学生的数学学习行为产生一定的影响。用权力的语言来说,就是成绩好的学生比成绩差的学生有更大的权力。在学习共同体的最边缘即边缘参与者就是那些数学成绩最差的学生,由于他们对其他学生和教师在课堂中的行为影响甚微,因而可以被认为在数学课堂中是无权的。学生在数学课堂上的权力分层实质上是由其数学知识的掌握情况决定的,这与福柯的"知识即权力"是相符合的,与伯恩斯坦的观点也是相吻合的。伯恩斯坦指出,学校不过是社会的一种复制,有什么样的社会就有什么样的学校,特别是教育中的一切行为其实都是权力分配的反映。

那么在数学课堂中的权力分层结构是不是静态的?显然不是的。除了教师这个权力核心不会改变外,学生的权力状况是可以改变的,这是因为学生的权力大小是由其数学知识的掌握程度来决定。当一个数学成绩差的学生经过努力取得了好成绩后,其权力就会发生改变,从没有权力或有较小权力变成有权力或有较大权力。反之,当一个数学成绩好的学生由于各种原因导致成绩变差后,其权力也会发生变化,从有权力或有较大权力变成没有权力或较小权力。

如果按照功能主义理论的理解,数学课堂中师生权力分层结构是有利于学生的数学学习的,这是因为在一个有几十个人的班级中,教师很难照顾到每个学生,如果有一些学生分担了教师的部分任务,例如辅导比自己成绩差的学生,那么从某种程度上说,这些学生都能得到发展。另外,由于不同的学生智力水平也不同,因而在数学课堂中接受知识的能力也不同。有许多数学问题,数学能力较差的学生对于教师的讲解可能难以理解,但如果是同伴用他们能够理解的语言来讲解,则可能会更好地理解。而如果按照冲突理论的观点来研究数学课堂中的权力,那么数学课堂中的权力分层就是学生之间相互冲突的结果。为了使自己在课堂中比其他同学具有更大的权力,每个学生都必须努力和其他人进行竞争,成绩差的要提高成绩,成绩好的要使成绩更好。这种争夺权力的斗争一直在持续进行着,从而使得数学课堂中学生权力的分层也在经常变化着。

三、数学课堂中学生的社会地位

在数学课堂中,学生的社会地位问题涉及一个学生在数学课堂中的等级位置,这种等级位置并不是由教师确定的,而是由其他学生来确定的。在大社会中,社会地位通常可以通过其职业来判定,但对于数学课堂这个小社会来说,显然不能通过学生的职业来判断其社会地位。笔者认为,确定一个学生在数学课堂中的社会地位主要有两个方面的因素:其一是数学能力;其二是人格特质的某些方面。在数学课堂中的社会地位应该是由其在促进数学教学发展中所起的作用来决定的,这与一个人在大社会中的社会地位由其在促进社会发展上所发挥的作用来决定是相类似的。而衡量一个学生在数学课堂中发挥促进数学教学的作用,显然可以从数学能力和人格的某些方面来判断。首先,如果某个学生的数学能力不强,他便难以很好地促进课堂教学,因为数学能力不强意味着他在数学课堂中无法提出一些有质量的数学问题和有启发性的数学解决思想。但是,即使他有很强的数学能力也未必能够很好地促进数学教学,促进数学教学中的活动有效高质地开展,这就涉及到第二个影响因素,即学生人格的某些方面。一个学生如果具有较强的数学能力,并且愿意向其他同学表达自己的思想,特别是能够耐心地向数学能力弱的同学解释数学问题,能够在其他同学遇到困难时给予帮助,能够平等地看待其他同学特别是数学成绩差的同学,能够在学习活动中不骄傲,再加上其具有较强的数学能力,才能在同学中获得高声望。这也解释了数学课堂中学生的权力和地位的区别,即数学能力强的学生虽然在数学课堂中具有权力,但未必具有较高的地位和声望。

在任何社会中,一个人的社会地位与其承担的责任相关。数学课堂中,某个学生的地位是在与教师和其他同学的数学活动交往中逐步形成的,这与他在数学课堂活动中所担负的责任相一致。显然,一个学生在数学课堂中的地位是在变化的。一个具有较高地位的学生应该认识到自己的地位和相对应的责任,并在数学教学中为促进数学教学发展而承担应尽的责任。

第四节 数学课堂中的教科书

以上两个章节主要论述了数学课堂教学中的两个社会主体,即教师和学生。从社会活动的角度看,数学课堂中不再有其他的社会主体了。但是,作为数学课堂,数学教科书和现代技术在师生的教学活动中也扮演着重要的角色,它们是数学活动的中介,没有它们,课堂教学活动就无法进行。本节和下一节将从社会的角度分别对数学教科书和现代技术进行探讨。

数学教科书是社会发展的产物,书中内容具有社会性特点。随着学校的形成、数学课程的开展和方便教师的教学,在数学知识的传授过程中才逐渐出现了数学教科书,显然数学教科书是社会的产物。原始社会没有教科书,而到了若干年后现代意义上的教科书也可能不再存在。"中小学数学不是数学"这句话听起来似乎矛盾,但它是有道理的。首先,中小学的数学知识体现在数学教科书上,而数学教科书上的内容与作为科学的数学知识有着很大的差别。其次,数学教科书是参照一定的教学标准由教科书编写者编写而成的。在编写过程中,编写者不仅会有意识地考虑社会文化对数学教学的要求(如今天我国的数学教科书会明显地体现出数学课堂标准的思想),同时也会将一些潜在的社会文化观念随着数学内容一起融入到教科书中,从而在某种程度上扮演着对学生进行社会化的角色。因此,数学教科书的内容在不同的历史时期以及不同的社会文化环境下都是不同的。

数学教科书极大地影响着教师的数学课堂行为。在课改前,数学教科书几乎是教师和学生分别进行教学和学习的唯一参考书。即使在课改后的今天,数学教科书仍然是教师和学生进行教学和学习的最重要的参考书。数学教科书并非是将数学内容简单地堆砌,而是包含了许多教学上的建议。教师会在很大程度上按照教科书的教学建议进行教学工作,包括内容的呈现、教学工具和例题的选择等。在我国,中小学数学教科书有多个版本,这些版本所包含的教学建议往往是有区别的,教师采用不同的版本进行教学时,即使教授的是同一个内容,其课堂教学行为也会有所不同。另外,同样的教学内容在课改前后的内容编排上会有很大的差别,相应地导致了数学教师在该内容的教学上也有很大的不同,即有不同的教学行为。例如,在初中"勾股定理"课程中,课改前教材采用的是先给定理后证明的方式,因此教师通常采用"从原理到例子"的教学方式。而课改后的教材中采用的是先活动再猜想,这里的活动是指师生的课堂活动如观察等,然后对猜想进行证明从而得出勾股定理,因此现在的教师在上这个课程时一般会采用"从例子到原理"的教学方式。由于学生的数学课堂行为在很大程度上是由教师决定的,所以也可以这样说,数学教科书极大地影响了学生的数学课堂行为。

由于数学教科书极大地影响了师生在数学课堂教学中的行为,因而可以说,在数学课堂教学中,教科书是有"权力"的。教科书虽然是一种物的存在,但它是教材编写专家根据国家的数学课程标准和国家对数学教育的要求编写而成的,它并不是简单的个人的自由行为,它代表的是社会,体现着社会的要求和意志,因此它自然是有"权力"的。教师与学生在课堂教学中的行为受到教科书的影响,实际上应该是受到社会的影响。

第五节　数学课堂中的现代技术

现代技术对于数学课堂教学来说完全是一个新的事物,但是其发展速度是迅猛的。二十年前,如果我们走进一个数学课堂的话,很难发现有现代技术存在。但是今天,无论是发达国家还是发展中国家,数学课堂中信息技术的使用已经是很普遍的事情了。

数学课堂中的现代技术一般是指以电子技术为基础的物体,如计算机、网络、电子白板、投影仪、电子展示台、计算器以及与数学教学有关的数学教学软件(如几何画板),其中最具有数学教学特色的现代技术是数学教学软件和计算器。数学课堂中的现代技术是社会发展的产物,这些技术因为社会的发展而出现,随着科学技术的发展而发展。二十年前,人们不会想到今天数学课堂中现代技术的使用情况。同样的,我们现在也很难想象二十年后数学课堂中现代技术的使用情况。

现代技术进入数学课堂,使得数学课堂中的教师、学生和教学内容都发生了变化。教师不再是只会用粉笔和黑板进行教学,而且还会运用现代技术进行教学。舒尔曼在20世纪80年代提出教师应该具有PCK,但是随着现代技术在教学中广泛使用的今天,教师光有 PCK 已经远远不够了,而是要具有 TPCK 了[①]。这里,PCK (Pedagogical Content Knowledge,简称 PCK)表示的是学科教学知识,TPCK (Technological Pedgogical Content Knowledge,简称 TPCK)表示的是整合技术的学科教学知识。对于数学教师来说,具有 TPCK 就是具有能够在现代技术的背景下进行有效数学教学的知识。显然,数学教师的 TPCK 并非是与生俱来的,如果他们在高等师范院校学习时没有充分地学习过这方面的知识,那么要想灵活地运用现代技术对他们来说确实是一个不小的挑战。目前,许多调查反映现代技术在数学教学中的运用不尽如人意,这可能与教师的 TPCK 有着很大的关系。在数学课堂中,并非只有教师在使用现代技术,学生也在使用现代技术。例如,学生使用计算器进行运算,使用数学教学软件进行数学探究等。我们可以仿照教师具有的 PCK 和 TPCK,给出学生具有的两类相应知识,即 LCK 和 TLCK。LCK(Learning Content Knowledge,简称 LCK)表示的是学科学习知识,而 TLCK(Technology Learning Content Knowledge,简称 TLCK)表示的是现代技术条件下的学科学习知识。在传统的数学教学中进行有效的数学学习,学生需要掌握一定的数学学习方法。例如,在上课前预习新课的内容,将不理解的地方记下来。再如,在解答一道数学题时,应该认真阅读题目弄清题意,然后画一个图,等等。以上这些学习方法都可以被称为 LCK。显然,在数学课堂广泛使用现代技术的情况下,传统的 LCK 是不够的。例如,如何通过代数计算器进行代数运算以及如何通过几何画板进行几何图形性质的探究等,这些都需要学生掌握新的数学学习知识,即 TLCK。现代技术进入数学课堂后在一定程度上也影响着数学教学内容。通过多媒体技术,教师可以给学生设置更为生动有趣的教学情境;通过计算器和计算机强大的运算能力,传统教学内容中的一些繁难运算自然而然地被删减掉;通过一些信息技术的使用,教师可以更方便地进行探究式的数学教学,等等。

现代技术在数学课堂中的运用,不仅对教师、学生以及教学内容产生了影响,也使得数学课堂中师生的社会活动方式产生了变化。在没有使用现代技术的数学课堂中,师生之间的社会活动方式基本上就是教师与学生的互动以及学生与学生的互动。但是,当现代技术进入到数学课堂中后,传统数学课堂的教学互动方法被改变了,教师不是直接和学生进行互动,而是通过现代技术与学生互动;学生和学生之间不是直接地面对面交流,而是通过现代技术进行互动。例如,在"图形的旋转"教学中,教师使用 TI 计算机中的几何画板软件进行图形旋转的演示,同时将演示的结果通过投影仪显示出来,教师在演示的过程中一边演示一边观察学生的反应,以此为根据来调整自己的操作。在这个过程中,教师和学生之间就不再是直接的互动,而是一种以技术为中介的互动,互动过程如图 3.2 所示。再看一个稍微复

① 王子苓.信息技术、TPCK 和高师学科教育类课程的改革:以化学学科为例[J].合肥师范学院学报,2014,32(6):111-114.

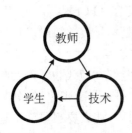

图 3.2　教师、学生和技术三者的关系

杂的例子。数学课堂中,每个学生有一个 TI 计算器,每个计算器都和教师讲台上的电脑相连接,即学生手中的计算器和教师的电脑之间构成一个局域网,电脑屏幕上的内容通过投影仪展示在黑板上。假设现在教师布置了一个数学任务,需要学生使用 TI 计算器来解决,当某个学生在解题过程中出现了困难,他可以通过网络和其他同学进行讨论,教师在电脑上也可以看到每个学生解题的情况,并通过网络对有困难的学生进行帮助。在这个解决问题的过程中,师生之间的互动过程如图 3.3 所示。

通过前面的分析,我们知道现代技术进入数学课堂会在相当大的程度上改变数学课堂教学的现状,正如数学课程标准所说的那样:"信息技术的发展对数学教育的价值、目标、内容以及教学方式产生了很大的影响。"在今天的中小学数学教师中,有一种观点认为"数学教学不应该运用现代技术"。而在实际的教学中,也确实

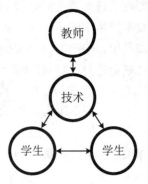

图 3.3　教师、技术和学生之间的互动过程

有一些数学教师抵制使用现代技术,表现在除非万不得已,仍然坚持用传统的"粉笔＋黑板"的方式进行教学。那么,我们应该如何看待这种现象? 维果斯基在其社会文化理论中特别重视工具的价值,他将工具分成物质生产工具和精神生产工具。所谓物质生产工具是指实体性的物品如斧头,而精神生产工具是指语言和符号等。物质生产工具使得人类形成新的适应自然的方式,如斧头的使用使得人类不用像远古时候那样直接用手去折断树枝。物质生产工具不但能够代替旧的生产工具,更重要的是它能够完成旧生产工具所无法完成的工作,如铁制的斧头能够替代石头斧子,但更重要的是它能完成石头斧子完成不了的工作。物质生产工具的使用推进了精神生产工具的形成。物质生产工具指向外部,能够引起客体的变化,而精神生产工具则指向主体内部,能够引起主体行为的变化,如铁斧对于砍柴的作用与现代技术对于数学教学的作用并没有本质上的不同。现代技术的使用是为了完成传统的数学教学所不能完成或难以完成的工作。例如,教师用传统的数学教学方式来讲授"图形的旋转"就比较抽象难懂,但如果结合计算机演示的话,则很容易让学生明白。再如,在传统的数学教学中进行数学探究往往是一件很难的事情,但是在现代技术条件下,结合计算机或计算器的强大运算能力,探究则是比较容易办到的。进一步地,现代技术在数学课堂中的使用,将有助于学生对数学本质的更好理解,促进学生高层次的数学思维,也有助于培养学生的解决问题能力和创造能力。简单地说,运用现代技术可以更好地完成数学教学目标。反对使用现代技术的人

往往会说:"使用计算器会削弱学生的运算能力,使用计算机的图形功能会削弱学生的空间想象能力",这些说法是有一定道理的,但是并不能构成反对使用现代技术的理由。所有的技术都是双刃剑,斧头可以砍柴也可以杀人,但并不能因为如此就不使用斧头。所以,技术的使用都存在一个"适当"的问题,而如何适当地在数学教学中使用现代技术正是数学教师以及数学教学研究者需要探讨的。实际上,对于如何合理适当地在数学教学中使用现代技术,在国内外已经有了相当多的研究成果。

在数学教学中,现代技术是一个发展的概念。从最先的 LOGO 语言在数学教学中的运用,到科学计算器和图形计算器的使用,再到计算机和数学教学软件(如几何画板)进入数学课堂,一直到今天的移动技术与数学教学的结合。技术发展如此的迅速,数学教学中现代技术的使用也在不断发展。在数学教学中使用的最新技术是移动技术,从硬件上说,教学中的移动技术主要是指智能手机和平板电脑。移动技术的出现催生了移动学习,二者在当前成为包括数学教学在内的学校教学研究领域中的热门研究话题。移动技术在教学中的使用具有重要的社会学意义:第一,随着技术的发展,智能手机和平板电脑从价值上来说已经是非常低廉了,就我国而言,每个家庭为孩子买一部智能手机甚至平板电脑已经不是负担,这样就不会因为家庭的贫富导致有的学生有条件使用而有的学生没有条件使用,从而就不会因为家庭经济状况的不同而导致教育机会上的不平等。反过来说,假如移动技术设备非常昂贵,只有部分孩子才有条件拥有,那么即使移动技术对学生的数学学习能产生巨大的作用(现有的研究已经证明了这一点,包括引起学生的学习兴趣、调动学生数学学习的积极性、加深学生对数学的理解等),在数学教学中也不应该使用它们,因为这会造成教育机会上的不平等,可能会出现富人家的孩子在数学上有更大的发展,而穷人家的孩子却不能很好地学习。第二,移动技术将会打破传统课堂上课时间和地点的限制,学生的学习可以随时随地地进行,这将带来传统学校教学制度的巨大变革。第三,学生的学习共同体将会产生质的变化。在传统的数学教学中,学生的学习共同体就是全班学生和数学教师。在数学课堂中,数学学习共同体成员的互动构成了数学教学和学习过程,该共同体只在数学课堂教学的时间内进行互动,一旦下课,共同体就会停止互动过程,基于共同体的学习活动也就结束了。但是在移动技术的条件下,数学学习共同体借助于网络和通信技术可以在任何时间和地点开展互动。更为重要的是,数学学习共同体的构成也有了极大的变化。若以个体为中心,数学共同体的成员既可以包括传统班级中的同学和数学教师,还可以包括家长、其他的数学教师甚至数学家等。若按地域划分,甚至还可以包括外地甚至国外的成员。总之,移动技术将会给包括数学教学在内的学校教学带来巨大的甚至是革命性的变化。

第四章　数学课堂中的文化

社会学家和人类学家一样都对文化感兴趣,文化既是人类学也是社会学研究的范畴之一,尽管二者的研究存在着诸多区别。社会学和人类学对于文化的定义是一致的,即文化是人类群体或社会的共享成果,这些共有的产物不仅包括价值观、语言和知识等非物质性的对象,也包括物质性的对象。前者称为非物质文化,后者称为物质文化,其中物质性的对象折射了非物质文化的意义。

社会与文化虽然是两个不同的概念,但二者之间的联系是密切的。社会是指共享文化的人类之间的相互交流,而文化则是指这种交流的产物。没有文化就不成为社会,一定的文化是指一定社会中的文化。正是由于二者之间的密切联系,因此我们会经常听到"社会文化"这个词。

数学课堂是一个小的社会,它也有相应的文化。数学课堂中的文化被称为数学课堂文化,数学课堂文化和数学教学之间存在着密切的关系。对数学课堂文化的研究开始于 20 世纪 80 年代。数学教育家 Bishop 的《数学的文化适应:数学教育的一种文化观点》(*Mathematical Enculturation：A Cultural Perspective on Mathematics*)将人们对数学课堂的关注点引到了数学课堂文化上。将数学课堂文化带到数学教学研究前沿的则是 *Nickson* 的著名论文《数学课堂文化:一种未知量?》(*The Culture of the Mathematics Classroom：An Unknown Quantity?*)。在文中,他对数学课堂中的文化做了如下精炼的描述:"它们是不可见并被共享的意义,是教师和学生一起带入到数学课堂中,并且控制着课堂中师生的互动。"[①]从该描述中可以看到,它将物质性文化排除在外,关注的重点是那些数学课堂中被其成员共享的能够控制着师生互动的非物质性因素。国内学者对于数学课堂文化也有过不少的研究,例如,有学者认为,数学课堂文化是在数学教学过程中产生的,渗透于课堂教学的各个层面,精神文化是课堂文化的核心[②]。简单地比较可以发现,国内学者对于数学课堂文化的理解与 *Nickson* 的理解还是有一定差距的,比如前者没有看到社会文化对于数学课堂文化的影响。那么,数学课堂文化中哪些是师生共享并且能够影响到他们互动的非物质性因素呢? 通常,社会学家在研究某种社会文

① Grouws D A. Handbook of Research on Mathematics Teaching and Learning：A Project of the National Council of Teachers of Mathematics[M]. New York：Macmillan Library Reference,1992.

② 蔡建华. 我们需要怎样的课堂文化[J]. 上海教育科研,2013(10)：56－59.

化时会特别关注这个社会中的语言、规范和价值观,认为它们是社会文化中最重要的三个因素。这三个因素都是非物质因素,它们在数学课堂中能够极大地影响数学教学活动中的师生互动,因而也是数学课堂文化的主要体现。本章将围绕这三个因素展开进一步的论述。

第一节　数学课堂中的语言

文化的存在依赖于人类创造和使用符号的能力。符号是指一群人所认可的任何能有意义地表达其自身之外的事物的东西。正是通过符号的使用,人类才能够理解现实世界,能够交换和储存复杂的信息。正是由于符号的使用,人类才创造了文化,又从文化中学习很多的东西。

语言是指人类所使用的口头和书面的言说方式,它是人类最重要的符号系统。虽然也存在着大量其他的媒介来表达文化,诸如绘画、音乐和雕塑等,但只有语言才能最灵活、最准确地传递人类所能理解的复杂而微妙的含义。不同的语言在很大程度上意味着不同的文化,如果语言相同或相近,那么文化之间就会有很大的相似性,如东亚各国的文化之间就存有很多相近之处。

数学课堂中师生所使用的语言主要包括两个部分,即数学语言与教学语言。数学语言是指用数、数学符号、图形和图像等来对数学概念、数学原理以及数学问题及其解决和推理过程进行描述。教学语言是指教师在教学过程中用来对学生进行课堂管理、启发引导和评价等使用的语言,这部分语言更接近于自然的语言。无论是数学语言还是教学语言,在数学教学活动过程中,教师和学生都会经常性地运用它们。

显然,无论是数学语言还是教学语言,在数学课堂中都是不可缺少的。教学语言更接近师生的日常语言,因此对于一般的学生来说并不难掌握,但相对于教学语言来说,数学语言的掌握就没有那么简单了。

一、数学语言

数学语言并非自然语言,它与学生的日常语言有着根本的不同,因此学生要想在数学课堂中能够真正地使用这种语言,就必须理解它的含义,而这就意味着对其中的每个数学符号表达的意思、每个概念的内涵、概念和概念之间的关系等都要了解清楚。显然,理解数学语言在很大程度上就可以说理解了数学,因此有人说"学习数学就是学习数学语言"是有道理的。数学课堂是由数学活动组成的,数学活动又是由师生之间的数学交流构成,而数学交流主要使用的是数学语言,这样问题就出现了,即并非所有的学生都能够很好地掌握所学的数学知识,因此师生之间的交流就会出现语言上的障碍。换句话说,教师或学生在和其他学生交流时有听不懂的情况出现,这就如同我们在上外语课时出现的听不懂教师所说的情况一样。交流的双方都不知道对方在说什么或所说的意思,这既可能发生在教师和学生之间(教师说的学生听不懂或学生说的教师听不懂),也可能发生在不同水平的学生之间。一旦出现这种数学语言交流上的障碍,数学活动的效果就会大打折扣,甚至没有办法继续下去,这是因为双方只有对交流的内容有着共同的理解才能有效地进行交流,这与一般的日常生活交流是相同的道理。因此,倘若部分学生没有掌握好数学语言(其实就是数学知识的理解)就会直接导致数学活动无法正常地进行,这也是低效课堂形成的主要原因之一。当部分学生没有掌握所学习的数学语言时,也可以说这些数学语言没有被学生共享。例如,学习"函数"一词,一部分学生真正地理解了,另一部分学生根本不知道它所指为何,还有一部分学生则介于二者之间,显然我们不能说学生们共享了"函数"的意义。

如何在数学课堂中使得学生更好地掌握数学语言? 关于这个问题,我们可以和英语学习进行类比。在英语教学中,一般来说,教师首先得让学生理解单词和由单词组成的句子的意思,然后再让学生进行听说练习。在听说练习中一开始是慢速的,逐步地,学生才可以听懂和说出正常语速的句子。在数学教学中,如果从数学语言的角度来看,教学中首先应该是使得学生理解其基本含义,否则学生就很难用数学语言进行交流。而交流的过程实际上也就是一个进一步理解数学的过程。因此,要使得学生对数学知识有更深刻的理解,为他们提供交流的机会是非常重要的。在师生之间的数学交流中,先从简单的、慢速的交流开始,再向复杂的、正常速度的交流过渡。实际上,学生在交流中使用数学语言从简单、慢速到复杂、正常速度的过程正是学生对数学理解由肤浅到深刻的过程,学生使用数学语言交流的过程也是他们学习数学的过程。通过师生之间和生生之间的交流,学习数学实际上也就是社会建构主义者所称谓的"学习存在于社会互动之中"。

需要注意的是,在数学课堂上,学生不仅要听说数学语言,还要读、写数学语言。教师不仅要给学生在课堂上写数学的机会,还应该注意他们写的对错,并及时纠正错误。读数学在学生的数学学习中扮演着一个非常重要的角色,可惜很多教师却忽视了这一点。无论是在语文课上还是英语课上,教师都会特别指导学生如何阅读,这是因为在语文教师和英语教师的认识中,语文和英语是语言,而语言的学习必须要经过阅读的训练。其实数学也是一种语言,只是大多数的数学教师并没有认识到。一旦学生有了良好的数学阅读能力,他们就可以进行更加有效的课前预习和课后复习,而无论是预习还是复习对于学生的数学学习都是非常重要的。更重要的是,良好的数学阅读能力可以帮助学生形成更强的数学自学能力,这不仅对于学生当前的数学学习极为重要,对他们在以后工作中的数学自学也是相当重要的。

我们知道做数学题是数学学习的重要方面,以至于很多人一说到学习数学就会立刻联想到做题。实际上,读数学对于做数学题是非常重要的。波利亚在其名著《怎样解题》中给出了著名的数学解题表,该表共分成四个部分,分别是"弄清问题""拟定计划""实现计划""检查和讨论",其中与读数学最为相关的是第一部分"弄清问题"①。所谓"弄清问题"就是读懂题目,如果学生没有看懂题目,怎么可能将问题很好地解决呢?正像波利亚在书中所说的"回答一个你尚未弄清楚的问题是愚蠢的"。但在实际的数学教学中,这种情况却是非常普遍的,因此波利亚又说"在校内外,这种愚蠢和可悲的事情却经常发生",他希望数学教师们帮助学生在解题之前弄清楚要解决的问题,"教师应力求在他的班级里发生这样的事情"。为了帮助学生弄清问题或者读懂题目,波利亚提出了在读题时应该自我回答的几个问题,即"未知数是什么""已知数是什么""条件是什么"等。在我国传统的数学教学中,许多数学教师很重视学生对数学题的阅读(即审题),甚至还规定了学生审题的具体程序。直到今天,学生对题目的阅读能力仍然是一个重要的问题,它在很大程度上影响到学生的数学学习和数学成绩。许多数学教师抱怨他们的学生在做作业时没有看清题目就做。而在每年高考试卷批改后,批卷教师总会说,许多学生本来应该能答对某题但由于没有仔细弄清题意而答错甚至没有解答。因此,在我国的数学教学中,数学题的阅读是一个不可忽视的问题,从更宽广的角度来看,数学语言的教学是一个需要数学教师特别重视的问题。如果这个问题不能很好地解决,数学课堂教学就很难做到高质量,学生在数学上的发展也将受限。显然,如何在数学教学中更好地使用数学语言,是数学教师们需要考虑的一个重点问题。

二、数学教学语言

数学教学语言是数学课堂中师生所使用的非数学语言,它往往与数学语言相互掺杂在一起。数学教学语言并非只是日常语言在数学课堂中的简单使用,而是有其特殊性的,主要表现在两个方面:第一,数学课堂中的教学语言与其他学科的教学语言有相当大的差别。造成数学课堂教学语言和其他学科课堂教学语言不同的主要原因是数学教学有别于其他学科教学的特殊性。例如,数学教学更强调学生的思维,也更强调教师的启发引导,而语文学科的教学显然不具有这样的特殊性。第二,即使都是在数学课堂中,不同课堂中的教学语言也会有一定的差别。某个班级数学课堂中的教学语言,是这个班的师生在持续的数学教学活动中逐渐形成的,进一步说,是随着教学活动的展开,教师和学生之间通过多次磨合才形成的,因而它往往具有该班的特色。

---

① 波利亚.怎样解题[M].涂泓,译.上海:上海科技教育出版社,2011.

三、从数学的视角看待和改造世界

在本节的最后,我们将探讨学生数学语言的掌握和使用所具有的一个更重要的作用,即以数学的视角看待世界和改造世界。我们先从著名的"萨皮尔-沃夫假说"说起。人的思维和语言之间的关系是非常密切的,因此萨皮尔和沃夫认为使用同一种语言的人对世界的看法要比使用不同语言的人一致的多。例如,使用英语的人和使用汉语的人对世界的看法会有很大不同,而同样使用英语或同样使用汉语的人对世界的看法会有很多的一致性。"萨皮尔-沃夫假说"简单来说就是语言间的区别不仅反映了言语者的需要和环境的影响,而且还对言语者看待世界的方式产生了影响。"萨皮尔-沃夫假说"的最极端推论是:现实世界在很大程度上是在群体语言习惯的基础上无意识地建构而成的。由于群体的语言习惯已经预设了该群体理解世界的方式,因而他们会很自然地用这一方式去观察、去听和去体验事物①。这个极端推论可能过分地夸大了语言在决定人类思想过程中的重要性,因而受到了一些批评和质疑,后期他们又提出了一个稍微缓和的推论。虽然大众不认可"萨皮尔-沃夫假说"的极端推论,但不可否认的是该假说也有一定的合理性,即一个个体或一个群体所使用的语言会在一定程度上对个体或群体理解世界的方式产生影响,并在一定程度上影响个体或群体与世界互动的行为方式。那么,萨皮尔和沃夫关于语言的假说对我们研究数学教学有什么启发?

长期使用数学语言,数学家自然如此,中小学生由于数学课时较多也能做到这一点(当然这是有条件的,那就是学生在数学课堂上能有很多的机会使用数学语言进行交流),因此他们在思维上倾向于数学性思维,用数学的眼光来看待周围的世界,并且在和世界的互动中显示出数学性特征。其中,数学性思维就是讲逻辑、注意平衡(方程)和划归的思想等;用数学的眼光来看世界就是注重事物的数和形的特征;在和世界的互动中显示出数学性特征就是指能够不轻信、不盲从、办事有条理、言必有根据(数学不相信直观的证据而只相信公理和已经证明的定理)。显然,在今天的世界上,这些特征都是个体应具备的良好品质,也是社会发展所需要的。

数学语言的长期使用除了可以改变个体的思维方式外,还会影响个体的价值观。社会学家就经常通过研究语言的本身来发现使用该语言的人群的价值观,例如,通过对澳洲英语的研究,可以发现澳洲人具有幽默、随和与理性的价值观。那么,使用数学语言的数学家或长期受数学语言熏陶的人是不是也形成了某种特定的价值观?笔者认为,这是完全有可能的。由于数学语言的特点是简单、有逻辑,因此长期使用数学语言的人也会自然形成追求简单化和条理化的价值观。

---

① 沃尔夫. 论语言、思维和现实[M]. 高一虹,译. 北京:商务印书馆,2012.

第二节　数学课堂中的规范

一个社会要实现正常运转,其成员的行为必须符合一定的要求,即在什么情况下应该做什么和怎么做,这种社会对于成员具体行为的要求就是规范。社会学家把人们在特定环境下被要求如何行动、如何思考、如何体验的期望称为规范。规范既有正式的也有非正式的。正式的规范是以条文的形式呈现,对违反者有特定的惩处。非正式的规范是不成文的,但往往能被社会成员普遍理解。

显然,要使得数学课堂能够高效地运行,其成员也应该遵守一定的规范,这些规范既可能是在数学课堂中正式明文确立的,也可能是不成文的。实际上,在所有的数学课堂中都存在规范,只不过作为其成员的师生可能并没有明确地意识到它们的存在。在下文中,我们将论述聚焦于两个方面:其一是数学课堂中要遵守哪些规范;其二是这些规范是如何形成及其对数学教师的启示。

一、数学课堂中的规范

任何一门课程的课堂活动中,师生都要遵守一定的规范,如学生要认真听教师讲解,师生之间应该相互尊重,等等。但是作为一种特殊的课堂即数学课堂,在教学活动中,教师和学生是不是还要遵守一种与数学学科相关的规范？ 也就是说,数学课堂教学中的规范除了一般的社会活动规范外,还有没有特别的基于数学学科的规范？ 这个问题直到 20 世纪末才得到研究者的重视并给予了解决。当时,数学教学研究者 Yackel 和 Cobb 提出了关于数学课堂中规范的两个重要概念,即"社会规范"(Social Norms)和"数学社会规范"(Sociomathematical Norms)。这两个概念既强调了数学课堂具有一般课堂的普遍性,也强调了数学课堂有别于一般课堂的特殊性。这两个概念的提出对数学课堂文化和数学教学研究都产生了深远的意义。Yackel 和 Cobb 提出,课堂教学是一种社会活动,师生在活动互动中都会遵守一定的规范即社会规范,而数学社会规范是指"学生数学活动的数学讨论中的规范方面"(Normative Aspects of Mathematics Discussions Specific to Students' Mathematical Activity)。Yackel 和 Cobb 还指出,要理解数学课堂中的数学社会规范可以通过这样的例子来理解,即怎么做在数学上算是不同的、精致的、有效的和简洁的。举个简单的例子,在一个合作学习小组中,每个成员都是平等的,他们都可以自由地发表个人对数学问题的看法,这种每个成员都可以平等发表个人观点的规范就是一种社会规范。当每个成员都提出解决方法后,小组就要分析和比较出最好的解决方法,这时候涉及的就是数学社会规范。如果没有这样的规范,那么就很难确定哪种解法最优。在比较解法的过程中,成员之间遵守的就是数学社会规范[①]。

数学课堂中的社会规范是非常重要的,它是理解数学课堂文化的重要方面。实际上,它也是数学课堂文化的重要组成部分,但它更多的可以用来说明一般的课堂文化。正像社会规范可以保证社会活动有效开展,数学社会规范的目的在于使数学课堂的数学社会活动能够有效开展。为此,数学社会规范就应该是基于数学和数学教学本身的特点而形成的,是数学课堂中师生对数学交流的共同认识。这种共同认识,保证了数学课堂成员之间在交流上的无冲突和成员对交流对方的可预期。这种无冲突和可预期确保了数学课堂中师生交流的顺畅和高效。

数学课堂中的数学社会规范包括:数学和非数学的区别是什么;数学证明应该是什么样的;什么样的数学形式更美;数学题的解题格式应该如何;画几何图应该用工具;答案应该要注意精确度;Yackel 和 Cobb 所举的例子中两个数学陈述(如解题过程)为什么是不同的,为什么一个比另一个更为精致、有效和简洁;等等。师生在数学课堂活动中对于以上规范的遵守将会最大限度地保证他们之间交流的顺利进行。例如,在一个学习小组中,对于教师给定的数学题出现了三种不同的解答方法,现在要选出一种最好的解答方法并由其代表小组在全班进行展示。小组成员于是针对三种不同的解答方法进行交流,如果能有这样的一个规范,即"好的解答应该是最为简洁的",交流就会很容易进行,如果没有这样的规范,他们将很难选出一个最好的解答方法,因为这三种解答方法从数学上看都是正确的。再例如,如果一个学生给出的一个几何证明题是基于直观图形的,而如果数学课堂中数学社会规范中有"几何证明应该基于公理和已证的命题并且用逻辑推理的方法进行",那么课堂中就不会对这样的证明方法进行质疑和争辩。

数学课堂中的数学社会规范也有正式和非正式之分。有的数学社会规范是教师在课堂中明确过的,如数学作业的格式等,而有的规范教师并没有在课堂上给予明确,但大多数的学生都能接受,如画几何图应该借助于工具而不是用手直接画。

二、数学课堂中规范的形成

社会学家一般会认为社会中的规范是社会成员协商而成的。在数学课堂中,数学社会规范的形成也离不开其成员之间的协商,但是和其他社会有所不同的是,在数学课堂中,数学社会规范的形成是在教师主导下成员协商的结果。由前文分析可知,教师在数学课堂教学中是占据主导地位的,这种主导地位不仅体现在一般

① Yackel E,Cobb P. Sociomathematical Norms,Argumentation and Autonomy in Mathematics[J]. Journal for Research in Mathematics Education,1996,27(4):458－477.

的数学教学过程中,也体现在数学社会规范的形成中。

　　我们通过一个例子来说明数学课堂中数学社会规范的形成。假设教师要在数学课堂中形成这样一种规范,即在几何作图时应该用工具(如直尺和圆规)来进行而不是直接用手画图。首先,教师在几何作图时就应该严格运用工具来作图,无论是在黑板上还是在纸上都是如此。如果让学生画图时,教师每一次都应当不厌其烦地说"请同学们拿出尺子作图"。当发现某个学生用手画几何图时,教师应该提醒该学生用尺子作图。进一步地,教师甚至可以提出这样的问题,即几何作图应该用工具还是直接用手画,并让学生讨论。在教师的引导下,学生讨论的结果自然是应该用工具作图,此时几乎所有的学生都认识到工具作图的合理性。在这之后,大多数学生都会自觉地在作图时借用工具,但也会有一些学生为了方便直接用手来作图,一旦遇到这样的情况,教师就应该立即指出并让其改正。如果安排学生上黑板作图,教师就应该为他们准备好作图工具。这样经过一段时间后,学生就会自觉地遵守相应的规范。通过上面的例子,我们能够看出该数学社会规范的形成其实经过了三个阶段,分别是示范、协商和更正。在示范阶段,教师通过大量的例子让学生看见应该如何做;在协商阶段,教师提出问题让学生讨论,最终使所有的学生都清楚为什么要这样做,这也是学生能在后期的数学活动中遵守该规范的根本原因;在更正阶段,教师要求没有按照规范操作的学生改正做法。笔者认为,示范、协商和改正也是一般数学社会规范形成的三个步骤,并且这三个步骤是缺一不可的。在这三个阶段的每个阶段中,教师都发挥着主导作用。没有教师的主导作用,数学课堂中的数学社会规范的形成就不容易实现。由此可见,数学课堂中社会规范的形成实际上是教师帮助学生养成一定的习惯,习惯成自然,自然即文化。

　　在数学社会规范形成的三个步骤中,在师生协商后,教师宣布在今后的数学活动中包括教师在内的所有成员都必须按照该规范进行,那么该规范就是一个正式的规范,如果教师并没有明确地规定所有的成员都必须遵守此规范,那么该规范就是一个非正式的规范。

　　数学社会规范不是静态的。不同时代的数学课堂中的数学社会规范是有区别的,同时代不同社会中的数学社会规范也是千差万别,这是由于人们对数学和数学教学的理解不同而造成的。甚至同一个班级在不同年级中的数学社会规范也在变化着的,这是因为数学和数学教学在不同的年级中会有稍微不同的理解。例如,在小学数学教学中,证明一般是通过具体数字或直观的图形来验证,而在中学则常常通过逻辑的方式进行。再例如,在小学阶段,动手操作是最重要的数学学习形式,而在中学阶段,思考成为了最重要的数学学习方式。因此,我们可以得出这样的结论:随着年级的升高和数学社会规范的变化,数学社会规范与数学共同体对于数学的要求越来越接近。

　　随着年级的升高,数学课堂中的社会规范越来越能清晰地体现出数学的特点。

实际上,数学社会规范的形成过程与学生数学上得到发展的过程这二者之间是同步前进的。学生学习的数学知识越多越高级,对数学的理解也就越深刻,在不断学习的过程中,学生在数学知识、技能、能力、思维以及情感态度、价值观等方面都得到了整体发展,换句话说,学生在数学上得到了发展。伴随着学生的数学发展,数学课堂中数学社会规范也产生了与学生数学发展相适应的变化。反过来,数学课堂中新的数学社会规范的形成又进一步促进了数学教学,从而更加促进了学生在数学上发展。

第三节　数学课堂中的价值观

价值观是一个社会中人们所共同持有的关于如何区分对错、好坏、违背意愿或符合意愿的观念。它能为社会成员的个人行为提供正当的理由。价值观可以是个体的主观意愿,称为个体的价值观;也可以是某个社会群体的主流观念,称为群体的价值观,反映的是群体中大多数个体持有的比较一致的观念。

价值观是一种观念,而规范是具体的。这二者之间存在着密切的关系,即规范应该在某种程度上符合价值观,或者说有什么样的价值观就应该有什么样的规范。

一般来说,价值观是成对出现的,既有正面的价值观也有反面的价值观。一个社会中的个体的价值观与其行为之间的关系是社会学家最感兴趣的研究课题。关于这个问题目前存在两种相反的观点:一种观点认为,价值观决定着人们的行为,有一些基本的价值观在个体生活的早期就已经被接受,一旦价值观形成,就会成为个体行为选择的指南;另一种观点认为,价值观并不是突然形成的,它们是通过日常生活而形成、强化和改变的,即这种观点强调了行为在创造价值观方面的重要作用。这两种观点尽管相反,但是都有一定道理,因此这两种观点在当今的社会学中是并存的。

在前一节内容中谈到,数学课堂中的规范分成社会规范和数学社会规范,由于规范和价值观所具有的内在联系,因此可以将数学课堂的价值观也分成两类,即社会价值观和数学社会价值观。数学课堂是中小学众多课堂中的一种,显然在这样的课堂中,成员会共享看待某些教学活动的观念,如"好好学习是对的,不认真学习是错的""学习中相互帮助是对的,相互隔绝是错的""教科书是教学中的重要参考是对的,是绝对权威是错的",等等。如果说数学课堂中的成员所具有的社会价值观凸显了数学课堂的一般性,那么数学社会价值观则体现了数学课堂的特殊性。它们是数学课堂中成员对于数学以及数学教学的共享观念,是数学课堂文化与一般课堂文化的重要区别所在。以下列举了一些数学社会价值观的例子,注意它们是成对的：数学是一门有价值的科学，在日常生活和各行各业都有着广泛的运用；学习数学除了取得好的成绩外没有其他用处。数学来自于现实生活；数学是数学家凭空创造出来的。所有的数学表示都是合理的；所有的数学表示都是数学家规定的。学习数学就是要做数学题；学习数学的关键是理解。数学中充满着美；数学是单调乏味的学科。显然，数学课堂中的社会价值观是在数学教学过程中逐步实现的，体现了教师主导下的师生协商，对此这里不做探讨，以下讨论主要集中在数学社会价值观上。

数学课堂的价值观是变化的，这通过分析传统的数学课堂和现代的数学课堂中数学社会价值的变化就可以得出。例如，在传统的数学课堂中，其成员一般会认为数学并没有太多实际的运用，主要在于训练人的思维，对于为什么要学数学，可以借用加里宁的一句名言"数学是锻炼思维的体操"来回答。而在现代的数学课堂中，成员往往会更加认可数学在实际生活和工作中的运用。再如，在传统的数学课堂中，成员往往会认为"教师讲学生听"是最重要的教学方法，而在现代的数学课堂中，成员一般会认为"学生在教师的帮助下进行数学的探究发现"才是最重要的数学教学方法。

一、数学课堂中的数学社会价值观的形成

数学课堂中的数学社会价值观是在数学教学活动中逐步形成的，教师在数学社会价值观的形成中起主导作用。国内学者对教师的价值观在数学课堂文化建设中的作用也给予了充分的肯定："课堂文化的核心是教师的教学价值取向，一切教学活动均受其统摄。教学价值取向是课堂文化的'动力系统'，它推动着教学活动的开展，决定了课堂教学的运行方向和轨迹。"[①]教师应该非常明确当前的数学课堂中的数学社会价值观是什么，即应该符合当前数学教学大纲或数学课程标准的要求。由于数学教科书的内容在很大程度上是与数学教学大纲或数学课程标准的思想相符的，因而在数学教学中，教师应该根据教学大纲或数学课程标准的要求较为合理地使用数学教科书。通过教学活动，潜移默化地使得数学课堂形成符合要求的数学社会价值观。例如，通过在教学中多次运用"再发现"的教学方法，使学生体会到数学发现的过程，进而形成了这样的数学社会价值观：数学是数学家通过观察、猜想、论证创造出来的，不是天生就有或上帝创造的。再例如，通过在教学中多次从现实生活中引出数学知识和数学问题，以及将数学知识运用到日常生活和各门学科中解决现实的问题，将会使得数学课堂逐步形成"数学来源于现实和运用于现实"的数学社会价值观。这里需要强调的是，教师在数学课堂形成正确的数学社

---

① 蔡建华. 我们需要怎样的课堂文化[J]. 上海教育科研,2013(10):56 - 59.

会价值观上的主导作用是非常重要的。以当今我国的数学教学现状来说,尽管正在施行新的数学课程标准和使用能够体现数学课程标准思想的教科书,但是不适当的课堂教学同样也能形成不正确的数学社会价值观。例如,教科书上有许多概念和原理是按照发现的思想来引入的,但一些教师认为用发现的思想来教学会耽误宝贵的教学时间,因而一律采用接受的思想进行教学,这样做不但无法使得学生体会到数学知识的形成过程,也无法使得数学课堂形成"数学是数学家经过一系列步骤而创造出来的"数学社会价值观。再如,教科书上安排了运用计算器计算和使用数学教学软件(如几何画板)教学,但有些数学教师由于各种原因在教学过程中从来都不使用这些现代教学技术,从而会使得数学课堂形成这样的数学社会价值观:数学教学与现代技术没有关系。显然,这样的价值观与新课程标准的思想是不一致的。数学教师在数学课堂中处于主导地位,并不意味着教师要将他的数学社会价值观强行地灌输给学生,而是要通过适当的教学过程,反复地、潜移默化地促使学生自己形成这样的价值观。从这个角度看,数学社会价值观的形成也可以说是教师和学生在教学过程中共同协商的结果。

二、数学课堂中的价值观与其成员的行为之间的关系

价值观是一种观念,而观念是在长期的社会实践活动中形成的,因而观念的拥有者往往会对之深信不疑。根据社会学的研究,价值观会在很大程度上影响着一个人的行为和思维方式。就数学课堂来说,课堂中的成员所拥有的价值观会在很大程度上影响其在课堂上的行为方式。举一个很典型的例子,"题海战术"可以说是我国数学教学发展历程中一个很有特色的现象。在新课标实施前,题海战术在数学教学中普遍被运用,"要想学好数学就必须大量做题"不仅成为数学教师的一个基本观念,也成为了中小学数学课堂中师生共同持有的价值观。教师会在每一节数学课的课后布置大量的数学作业,而学生对教师的这种行为也习以为常。在新课标实施的今天,题海战术在数学教学中的情况有所好转,但仍在很多数学课堂中"肆虐"。究其原因,很大程度上是由于教师对"学好数学必须要大量做题"的观点深信不疑。这种认识成为了很多数学教师的信念,而数学教师又将这种信念带入数学课堂,逐步地使得它成为了数学课堂中师生共同持有的数学社会价值观。如果某一天教师没有布置大量的数学作业,学生反而会感觉不正常,会认为教师做得不对。当然,在当今的数学课堂中,由于数学课程改革的逐步深入,师生的数学社会价值观与课改前相比已经有了很大的变化。例如,在课改之前,数学课堂的价值观中包含着"独立思考自主探索是学习数学的基本方式",因此学生在数学课堂上的学习基本是按照独立思考和自主探索来进行的,课堂中学生之间是很少交流的,如果个别学生之间在进行讨论,教师会制止或要求他们尽量小声。实际上,绝

大多数学生在数学课堂上会主动进行独立思考的。随着课改的深入,这条价值观逐渐转变成了"自主探索和合作交流都是有效的学习方式"。今天,当我们进入数学课堂中就会体会到这条价值观的具体表现,如教师在课堂中经常安排学生进行小组合作学习,而学生对于小组合作学习也已习以为常。由于学生在数学课堂中的行为会在很大程度上受到其价值观的影响,因而如果我们希望改变数学课堂中学生的行为,根本的方法在于改变其所持有的价值观。

价值观一旦形成就会具有较强的顽固性,不会轻易被改变,而不会轻易被改变也意味着它其实是可以被改变的。数学课程改革不只是要求改革数学教材,更重要的是改变师生的数学教学价值观,并进而改变他们在数学课堂活动中的行为。如果价值观不能改变,那么数学课程改革就不可能施行。数学教师首先要改变自己的数学教学价值观,如果自己的价值观不能改变,不能形成与数学课程标准相符合的数学教学价值观,那么改变学生的数学教学价值观便会成为不可能的事情。改变学生的数学教学价值观,首先应该让学生意识到传统的数学教学价值观是不正确的。这不是一蹴而就的事情,是需要一个过程的。然后在此基础上再逐步通过具体的数学教学活动让学生形成新的价值观,这也需要一个过程。

三、数学教学目标中的价值观

实际上,数学教学目标中的价值观目标与本节探讨的数学教学价值观是一致的,因此也可以将教学目标中的价值观分成社会价值观与数学社会价值观。新的数学课程标准最引人注目的地方之一是其三维教学目标,即知识与技能,过程与方法,情感、态度与价值观。不过,对于这个三维教学目标,很多数学教师认为前两个目标是实实在在的,而情感、态度和价值观则是虚的,因而在教学设计时当涉及情感、态度和价值观时通常会简单应付几句。那么,情感、态度和价值观真是虚的、没有实际意义的目标吗?

通过前面对数学课堂中价值观的分析可知,数学课堂中社会价值观和数学社会价值观的形成对学生在数学课堂中的行为能够产生极大的影响,换句话说,如果数学课堂形成了良好的价值观,将会极大地促进学生的数学学习。反之,如果形成了不良的价值观,就会对学生的数学学习产生负面的影响。因此,价值观目标不是虚的而是实实在在的。归纳前文对价值观的分析,我们可以得到以下几点关于数学教学中价值观目标的认识:

(1)要认识到教学目标中价值观目标的重要性。相当多的数学教师有这样的认知,即在数学教学目标的三个维度中,知识和技能目标与过程和方法目标是非常重要和实实在在的,在教学中对这两个维度的目标必须给予充分的重视。但是第三个维度即情感、态度和价值观目标就不一样了,相比前两个维度目标,这个目标是虚的。教师在教学设计时会花费大量时间来思考前两个维度目标,但对于第三个维度的目标往往是随便应付一下。在数学教师的观念中,数学教学目标就是二维的,第三个目标实际上是不存在的。但是,通过前文的分析可知,价值观会直接影响到学生在数学课堂中的行为,也就是会直接影响到他们的数学学习。因而,包括价值观在内的第三个维度目标也是和前两个维度目标一样重要的。

(2) 价值观包括社会价值观与数学社会价值观。不少数学教师认为,既然是数学教学目标,那么包括价值观在内的第三个维度目标当然只能是关于数学和数学教学的。既然价值观中包括社会价值观与数学社会价值观,那么情感和态度也可以包括两个方面,即既有数学的也有非数学的。认为价值观只是针对数学和数学教学的观点显然是只考虑到数学课堂的特殊性,而没有考虑到数学课堂也是众多学科课堂中的一个。因此,价值观是应该为学生的全面发展服务的。

(3) 价值观的形成是一个漫长的过程。价值观的形成不是一蹴而就的,而是在教学过程中逐步形成的。在进行数学教学设计时,关于教学目标的设计通常是这样描述的:"一节课的教学目标是一种当期目标,它不同于学段目标和学年目标这样的长期目标。一节课的教学目标是具体的,在通过一节课的教学之后就能够完成。"这样的说法对不对? 显然是有问题的。因为每节课的教学目标都必须包括三维目标,也就是要包括情感、态度和价值观目标,显然这个目标的形成不可能在一节课的时间内完成。如让学生掌握某种数学能力显然需要经过较长时间的教学才能逐步实现。严格地说,知识技能目标也不可能在一节课的教学中让学生真正地掌握。

本章内容至此分别论述了数学课堂文化中三个主要的元素,即语言、规范和价值观。它们都是在数学课堂教学过程中,在教师的主导下,通过师生之间的协商逐步形成的,反过来它们又会对数学活动中的师生行为产生重要的影响。因此,我们可以得出如下的结论:数学文化形成于数学活动中,又会反作用于数学活动即在很大程度上会影响师生在数学课堂中的行为。

第四节　数学课堂文化的变迁

数学课堂文化是大社会文化中的一个子文化,尽管每个课堂的数学课堂文化都各有特点,但它与大社会的文化具有密切的关系,具有大社会文化的特点。也就是说,在同一个社会文化背景下的数学课堂实际上具有一定的共同点。由于数学课堂文化在很大程度上可以影响课堂中师生的行为甚至思维方式,因而数学课堂文化与数学教学效果之间是具有密切联系的。我们可以依此推断,大社会的文化通过数学课堂文化这个中介也会在某种程度上影响课堂中的数学教学活动及其效果。换句话说,不同文化背景下学生的数学学习效果可能是有区别的。现有的一些研究成果也说明了以上论断是合理的。利用 TIMSS 的测试结果,香港的梁贯成教授试图对东亚(包括中国台北、中国香港、日本、韩国和新加坡)学生所取得的、大大超越西方学生的测试成绩进行解释。他认为只有从文化上才能最好地说明二者之间的区别[1]。他确信,东亚文化更有利于学生的数学学习,因此东亚学生在 TIMSS 上的取胜也是东亚文化的胜利。

对于一个社会来说,文化是一个相对稳定的存在,但没有一种社会文化是固定不变的,稳定是相对的而变化总是绝对的。一般社会中的文化如此,数学课堂中的文化也是如此。在前文提到了数学课堂文化是变化的,在本节中我们将重点讨论数学课堂文化的变迁。

从数学课堂文化的构成上分析,不难得出这样的结论:那就是没有两个课堂的数学课堂文化是完全一致的,但是一定会有相同或相似之处。由于数学课堂文化与大的文化背景有很大关系,因此在一个大的区域特别是具有相同社会文化的区域内,数学课堂文化必定有很多相同点。对不同文化下数学课堂文化的差异之处和相同文化下数学课堂文化的相似之处的探讨已经吸引了广大研究者的极大兴趣,我们可以看到诸如"东亚数学课堂文化"(显然是强调了东亚地区数学课堂文化的共同点)、"中美数学课堂的比较"(说明了中国和美国这两个区域的数学课堂文化都有各自的特点,也强调了这两个区域中的数学课堂文化都有各自的共同点)之类的研究课题。例如,中国虽然地域辽阔,但不同区域的数学课堂却有很大的共同点,这些共同点与其所在的文化环境是有密切关系的。而邻近的日本,由于其文化与中国文化的类似性,其数学课堂文化与中国的数学课堂文化有着很多的相似性。比较研究表明,中日两国数学课堂教学相同之处,包括教学目标明确,教学过程基本相同,都能有效地利用课堂教学时间,都能够重视对学习内容的总结和反思,都强调问题之间的内在联系等。它们的差别主要在于日本数学课堂中用于探究讨论和个别交流的时间较多,而中国数学课堂中用于讲解和练习的时间较多并且课堂练习中的问题具有较高的复杂性,等等[2]。

对于相同或相似社会文化环境下数学课堂文化的相似性以及不同社会文化环境下数学课堂文化的差异性的研究,已经取得了丰硕的成果。以下我们将着眼于一个特定区域的数学课堂来论述数学课堂文化是如何变迁的。

推动文化变迁的方式主要有两种,即在内部文化发生变化和对外来文化影响的回应。对于某个区域的数学课堂来说,导致数学课堂文化的变迁的因素同样来自于内部和外部,但很多情况下实际上是二者的结合。

————————

[1] Leung F K S. Mathematics Education in East Asia and the West: Does it Matter? [J]. Mathematics Education in Different Cultural Traditions: The 13th ICMI Study,2010(13):21-46.

[2] 李淑文,李青. 中日两国中学数学课堂教学的跨文化比较[J]. 外国中小学教育,2014(5):61-65.

一、数学课堂文化变迁的内部因素

文化变迁的常见内部根源是革新,出现了新的观念和新的人工制品,从而引起了文化上的变迁。就数学课堂来说,新观念和新人工制品的出现在很大程度上改变了原有的数学课堂文化。

(1) 数学课堂中新观念的出现。数学课堂中的新观念在近年来涌现很多,主要的原因是数学教学工作者(包括数学教学研究者和一线的中小学数学教师)对于数学教学的新认识,而这种新认识往往是基于社会对于数学教学的新要求和相关学科(如教育学、心理学和数学等)的新发展。例如,由于数学在现代的科技和社会发展中扮演着越来越重要的角色,因而社会对于公民应用数学的能力要求也越来越高,因此数学应用能力的形成是学习数学的最重要目标之一,而这种观念在传统的社会中显然是不会有的。再例如,随着建构主义认识论被广泛认可,数学教学工作者们已经认识到学生的数学学习是一个主动建构而不是被动接受的过程,数学教师在学生学习数学过程中扮演着提供学习和思考的机会以及启发引导等角色,对"数学课堂是学生的课堂"的认识也已经被绝大多数的数学教师认可。另外,随着社会文化理论的影响,数学教学工作者们逐渐认识到数学课堂中同伴之间的合作学习对于数学教学的有效开展具有极大的好处。因此,在现代数学课堂中,小组合作学习已经成为数学教学的重要形式。

(2) 数学课堂中新人工制品的出现。数学课堂中除了教师和学生外,还会存在一些人工制品,如早期的教科书、教具和今天的现代技术,这些人工制品在促进数学教学发展上发挥了重要的作用。新的人工制品一旦进入数学课堂就成为了数学课堂中的一部分,引起了数学课堂结构和运动方式的改变,从而在一定程度上改变了原有的数学课堂文化。以下,我们以在现代数学课堂中发挥着越来越大作用的现代技术为例,考察它们在数学课堂中的出现是如何改变数学课堂文化的。数学课堂中的现代技术包含两个部分:一是一般的现代技术,如硬件中的投影仪和软件中的PPt(Power Point)等,这些技术在所有的课堂教学中均可使用;二是数学教学专用的现代技术,如硬件中的计算器和软件中的几何画板等,这些是针对数学学习而设计的,也可以称它们为现代数学教学技术。现代技术进入课堂,在很大程度上改变了原来的数学教学,正如数学课程标准所说的"信息技术的发展对数学教育的价值、目标、内容以及教学方式产生了很大的影响"。从数学课堂语言上说,现代技术的进入使得"技术"成为师生语言的一部分,如"用计算器计算问题""请看PPt""下面我们用几何画板来演示""进入如下的网站看其中的第一个问题"等。从数学课堂规范上看,用计算器进行运算已成为一种合法的运算方式,用计算器或计算机进行探究已成为正常的数学探究方式,做数学作业也可以用电子的形式而不一定要用纸质的作业本。可以想象,在不久的将来通过计算机进行证明甚至都将会成为一种可接受的证明方法。从数学课堂的价值观上看,现代技术的进入更是改变了许多旧有的数学课堂价值观,如数学教科书并不是唯一的知识来源;数学的创造不是只能通过人的苦思冥想,现代技术也可以发挥重要的辅助作用;数学学习并不是只能在课堂中的教师指导下完成,在家庭中通过现代技术也可以进行数学学习,计算机指导下的数学学习也是可以接受的;等等。可见,现代技术进入数学课堂确实带来了数学课堂文化的重大变革。

对于数学课堂来说,现代技术是一种物质性文化。从人类历史上看,非物质文化的所有因素如语言、规范和价值观等都必须适应物质文化。可以说,现代技术进入数学课堂是社会进步的表现,是数学课堂教学进步的表现,因而数学教学必须使用现代技术,数学课堂文化也必须主动地由无现代技术的数学课堂文化转变为有现代技术的数学课堂文化。但在目前实际的数学课堂中,确实还存在这样的情况,那就是数学教师不仅没有积极地探索现代技术的有效使用,还极力地排斥现代技术,如不允许在课堂上使用计算器,不使用几何画板,排斥电子课件而继续使用传统的"粉笔+黑板"。这些现象实际上说明了传统文化的顽固性,但这种顽固只是暂时的,现代技术最终必将进入数学课堂和数学教学内容以及数学教学过程进行有机的整合,形成现代技术条件下的数学教学。作为数学课堂主导者的数学教师,应该全力促成这种数学课堂文化的转变。

社会的发展产生了新技术,新技术的使用又反过来促进社会的发展。但是,在社会发展中,技术的"双刃剑"特点一直都是值得人们关注的问题。在数学教学中,现代技术的"双刃剑"特点也应该值得关注。现代技术在数学教学中的使用,从本质上说,是因为它能够促进学生的数学学习,能够实现传统方式难以达到甚至根本达不到的效果。但是在数学课堂中如果不能合理地使用现代技术,就有可能对学生的数学学习产生负面影响。例如,现代技术具有可视化的功能,适当的使用会有助于学生对于抽象数学概念的理解,而不适当地运用可能会有损学生空间想象力的发展。

二、数学课堂文化变迁的外在因素

任何一个国家、区域或文化对于如何进行数学课堂教学都会有自己的不同于其他国家、区域或文化的看法,而这些不同看法会对其他国家、区域或文化中的数学课堂文化产生影响。究其原因,主要有两个方面:

(1) 现代技术的高度发达。互联网技术使得一个国家在数学课堂上的任何思想、改革会在极短的时间内被另一个国家了解。例如,NCTM 将其数学课程标准 (Principles & Standards for School Mathematics) 放在其官方网站(www. nctm.

org)的瞬间,远在地球另一端的中国就知道了该课程标准中的主要思想。

(2) 数学教育国际比较的兴起和壮大。几乎所有国家的数学教学研究者中都有一些专门从事国际比较研究的,这些研究者会向本国的数学教师和数学教学研究者介绍各个国家的数学教育状况并对它们进行比较。通过这些介绍和比较,数学教师们了解了在其他国家和地区的数学课堂教学中发生的事情。并非其他国家所有的数学教学思想和教学改革都能对另外一个国家的数学课堂产生影响,但有些确实会产生影响。当一个国家的某些数学教学思想或改革方法能够对其他国家的数学课堂产生影响,这种影响主要会表现为在某种程度上改变了其他国家的数学课堂文化。如 20 世纪 80 年代,美国 NCTM 首次提出了在数学教学中施行"问题解决"(Problem Solving),它几乎影响到世界各国的数学课堂,使各国的数学课堂文化都发生了改变。同样还是美国的一个例子。在 20 世纪 50 年代至 60 年代,美国进行了"新数"数学教育改革,这种改革思潮也对当时很多其他国家的数学课堂教学产生了不同程度的影响。这两个例子是具有代表性的,即对于数学课堂文化的外在影响既有正面的也有负面的。"问题解决"是一个影响世界各国数学课堂文化的正面案例,它使得在世界各地的数学课堂中"问题解决"成为师生常用的一个词,而且师生都认为学好数学不能只做数学习题,还要解决数学问题。而"新数"则是影响世界各地数学课堂文化的负面案例,在"新数"思想下,许多数学课堂的学生要学习与自己年龄不相符的抽象数学知识和数学语言。

以上"问题解决"和"新数"的例子说明了这样一个问题,那就是一个国家的数学教育在面对国外数学教育中的新思想时该如何去选择,是拒绝还是无条件或有条件地接受,这显然是值得深思的。从原则上来说,一个国家在数学教学中提出的新思想与该国家所在的社会文化是具有一定关系的,因而我国的数学教育在是否接受这样的新思想时必须要慎重,要进行认真的研究,分析其与社会文化的关系。在大多数情况下可以考虑有条件地接受,即将这种新思想与我国的社会文化和数学教育实际进行结合,万不可全面接受以免对我国的数学教育造成负面的影响(关于这个问题在下一节中还会有更详细的分析)。

虽然一个国家或地区的数学课堂文化是在不断发展的,但在一定的时期内,数学课堂文化还是比较稳定的,因此数学课堂文化发生比较大的变化实际上就意味着数学课堂教学的改革。今天,我国的数学课堂文化与十五年前的数学课堂文化相比有了很大的变化,这正是数学课程改革的结果。

第五节　数学课堂文化的相对性

和探讨一般的社会文化类似,探讨一个国家的数学课堂文化也会涉及这样的问题,即在和其他国家或地区的数学课堂文化比较时孰优孰劣。换句话说,就是其他国家的数学课堂文化会比本国的数学课堂文化更好吗?

在理解数学课堂文化上有两种比较极端的观念,即种族中心主义和他国中心主义,很显然它们都是错误的。正确的态度应该是将数学课堂文化看成是社会大文化的一部分,即从相对性上来看待数学课堂文化。

一、种族中心主义

社会学中有一个概念称为"种族中心主义",这是一种用自己的文化标准来衡量其他文化,并很自然地认为自己的文化是对的、优秀的,而其他的文化是错的、落后的。就数学课堂文化来说,可以建立一个相对应的概念即数学课堂的"种族中心主义",意思就是用自己国家或民族的数学课堂文化标准来衡量其他国家或民族的数学课堂文化,并很自然地认为自己的数学课堂是对的、优秀的,而其他的数学课堂文化是错的、落后的。这种数学课堂的"种族中心主义"是真实存在的,如在日常生活中,可以经常听到相关的言论,如"孩子去美国上大学是可以的,如果要是上中学的话还是在国内好一些,国内基础教育更扎实一些""美国中小学数学教学不行,中学生连简单的运算都成问题",再如"美国的数学课堂上教师上课是非常随意的,而学生可以在课堂上做任何想做的事情"等,以上这些观点在国内很多知识分子身上普遍存在,中小学数学教师们往往也这样认为,这显然就是一种数学课堂文化的"种族中心主义"。数学课堂的"种族中心主义"不光中国人有,外国人也有。瑞典学者马登提出了很著名的"中国学习者悖论",这个悖论的前半部分是:根据西方的观点,中国的课堂教学是一种传统的"传授-接受"模式,即教师在课堂中起绝对支配地位,而学生则是被动地学习,所需要的是记忆和模仿①。言下之意,显然是在西方的教学中教师采用了更先进的教学方法(如探究发现的方法),而学生则是主动地进行学习,更强调了理解和应用等。这个观点认为中国的包括数学课堂在内的所有课堂教学都是落后的、错误的,而西方的课堂教学是先进的、正确的。

---

① 郑毓信. 中国学习者悖论[J]. 数学教育学报,2001(1):6-10.

二、他国中心主义

与"种族中心主义"相反的是"他国中心主义",即认为其他国家的文化要优于和强于本土文化。相应地,数学课堂文化中的"他国中心主义"就是认为其他国家的数学课堂文化优于自己国家的数学课堂文化。就数学教学来说,数学课堂文化中的"他国中心主义"也是存在的。在我国的数学教学研究领域中,确实有一些学者在谈及美国 NCTM 的数学课程标准、英国的数学课堂教学以及新加坡的数学教科书时,总是流露出钦佩之情,而谈到我国的数学课堂教学如"题海战术""填鸭式教学"时略带嫌弃之意。如果说数学课堂的"种族中心主义"是以自己的数学课堂文化为好标准来衡量他国的数学课堂文化,那么数学课堂的"他国中心主义"就是以他国的数学课堂为好标准来衡量自己国家的数学课堂文化。前一种情况还可以理解,因为人们长期受自己所在社会文化的熏陶,因此会自然地认为自己的文化是好的。研究其他国家文化的社会学家在研究过程中往往会注意避免文化"种族中心主义",但要做到完全中立客观是非常困难的,因为一个人长期生活在某种文化中已经潜移默化地接受了该文化所具有的价值观。而后一种情况似乎就有点不好理解了,有一种解释是,有些人如部分数学教学研究者看到了我国数学课堂文化中的不足之处,且这种不足一直未得以弥补。由于对此种不足的过分强调,促使他们对于数学课堂文化的全盘否定,这显然是一个偏执的认知。例如,题海战术确实是我国数学教学中长期存在而又没有能够很好解决的问题,不少人正是基于对题海战术的痛恨进而否定我国整体的数学课堂文化。更有甚者,某些数学教学工作者和研究者只是对整体文化中的某些方面不满意,就全盘地否定了包括数学课堂文化在内的所有文化。显然,这些是都很不可取的做法。

三、正确的态度

对于数学教学来说,建构主义可以称得上是一种重要的思潮。建构主义包含两类:一类是极端建构主义(Radical Constructivism),主要由美国学者 Glasersfeld 提出,一类是社会建构主义(Social Constructivism),主要由英国人 Ernest 提出。建构主义的数学教学思想强调,数学知识不是教师传授的,而是学生自我建构的结果。建构主义对包括中国和韩国等东亚国家的数学教学都产生了重要的影响。就我国的数学课堂教学来说,学界反复强调要施行建构主义的数学教学,如建构主义的教学设计、建构主义的课堂教学等,此类的研究是非常多的。但是在现实的数学教学中,传授式的数学教学仍然是主流,建构主义的教学方式更多的只是在数学公开课中出现,这主要还是教师为了迎合"专家"的表演行为。这样的教学按照建构主义的观点应该是落后的数学教学方式,但我国和东亚国家的学生在历次国际性的数学比赛中都名列前茅,大大超出那些建构主义数学教学的国家,从而说明了东亚国家的数学教学从文化上说可能是合理的。东亚文化与西方文化有很大区别,而建构主义是西方文化的产物,因此,在我国的数学教育中如何将起源于西方文化的建构主义与我们自身的文化相结合是一个值得研究的课题,如何将其他国家的数学教育思想与我国的数学教学文化相结合则是一个更为重要的问题。盲目地接受包括建构主义在内的西方文化思想意味着对我们自身文化的否定,这不但在理论上是错误的,在实践上也是难以施行的。以韩国的数学教育为例,他们并不是简单地全盘接受建构主义。韩国的学者将建构主义与韩国自身的传统文化结合,提出了重构建构主义(Re-conceived Constructivism)并用于指导教师的数学教学①。

很显然,无论是"种族中心主义"还是"他国中心主义",对于数学课堂来说,它们都是不可取的。但对于一个国家的数学课堂文化来说,确实存在着和其他国家数学课堂文化进行比较的问题,因为有比较就有鉴别,也就有了"好""坏"之分。文化研究的原则之一是遵守文化的相对性,也就是说,要根据文化的自身标准来对文化进行评判。文化相对性原则认为,要真正理解和正确评价一种文化特性,就必须将它视为一个更大的文化或社会的一部分。也就是说,可以将数学课堂文化看作是一个国家文化的一部分,如果数学课堂文化有助于促进社会发展,那么这样的数学课堂文化就是正确的或好的,反之就是不正确的或坏的。当我们这样做的话,我们就能够对当前数学课堂文化进行所谓的"好""坏"评价了。例如,如果今天的数学课堂只强调数学知识的接受而将数学创造排除在外的话,那么这样的数学课堂就将不能培养学生的创新意识和能力,这与今天社会对于创造性的要求显然是不相符合的,因而这样的数学课堂文化就需要接受变革。再举一个例子,如果在今天的数学课堂中将计算器排除在外,那么就与今天社会生活的各个方面都在使用计算器的现实相矛盾;如果今天在数学课堂中还重视算盘的计算功能,这与算盘已经完全从社会生活中退出的现实也是矛盾的。无论出现这两种情况中的哪一种,其数学课堂文化都需要改革。因此,对于我国目前的数学课堂文化现状来说,我们也要进行改革,使现行的数学课堂文化与今天的社会发展相适应,这一点是非常重要的。

综上所述,我们在看待自己的数学课堂文化时不应该妄自菲薄,将之简单地贴上"落后"的标签,而要认识到今天的数学课堂文化是整个社会文化发展的结果,它也是整个社会文化发展的缩影。我们对其既不能全盘否定,落入到"他国中心主义"的陷阱中;也不能盲目"超英赶美",陷入到"种族中心主义"的泥潭中。我们要认真地分析,找出有利于促进学生数学发展和有助于社会进步的文化因素(如重视

① Lee K,Sriraman B. An Eastern Learning Paradox: Paradoxes in Two Korean Mathematics Teachers' Pedagogy of Silence in the Classroom[J]. Interchange,2013(43):147-166.

基础),并发扬光大,查明不利于促进学生数学发展和无助于社会进步的文化因素(如题海战术)并加以改进。对于他国的数学教学思想,我们不应该简单地照抄照搬,而要注意借鉴、修改,最终与我国社会文化发展相适应。

第六节 不同理论视角下的数学课堂文化

在本节中,我们将从两种不同的社会视角即功能主义理论视角和冲突理论视角来审视数学课堂文化。

一、功能主义理论视角下的数学课堂文化

在功能主义者看来,一个特定的文化特征的存在是由于其履行了某种重要的社会功能。因而在回答某个文化特征为什么能够存在时,他们通常会问的问题是:"它承担了什么功能?"简言之,功能主义所强调的是文化的组成部分对整体文化所做的贡献。

从功能主义理论的观点出发,考察数学课堂文化就是要看其某个文化特征在大的社会文化中所承担的功能。这样的考察对于我们理解为什么数学课堂文化中会存在某个特征是很有帮助的。在当前课程改革中,新的数学课程标准要求现代的数学课堂应该具有新的文化,但很多数学课堂文化尽管不符合新课程标准理念却仍然存在着。也就是说,理想的数学课堂文化和现实的社会文化存在着不一致,这种不一致应该是可以理解的。作为数学教学研究者,我们不应该忽视大的文化背景,如果只是简单地对某种数学课堂文化进行指责,这不仅不能改变"旧"的数学课堂文化,还会引起数学教师的反感。在我们准备批评某种数学课堂文化落后之前,最好先看看它在整体文化中究竟扮演了什么样的角色。例如,题海战术是传统数学课堂文化的重要部分,但从新课程标准的理念看,它显然不应该是数学课堂文化中的一部分,但是就今天数学课堂的现实来看,题海战术仍然是我国数学课堂文化的特征之一。这种看似矛盾的现象在功能主义者看来并不矛盾,因为题海战术实际上在整个社会文化中所起的作用就是选拔人才,而大量做练习题在当前的高考评价体系下确实是有用的。再以因材施教为例,按照现代教学理论的要求,教师在数学教学中应该先比较每个学生的数学基础、智力水平等有何不同,然后再因材施教。但实际上,大多数数学教师并没有过多地考虑这个问题。从功能主义看来,数学学习成绩就应该保持好、中、差的不同水平,使得学生升入不同水平和不同职能的学校,并进一步确定将来从事的工作,而从事不同的工作对于一个社会的发展

来说是完全必要的。这个社会既需要专门研究数学知识的科研工作,也需要懂得一定数学知识的技术工作,还需要大量的不需要掌握太多数学知识也能从事的一般工作。

二、冲突理论视角下的数学课堂文化

冲突理论认为,文化之所以存在是因为它保护了或促进了某个社会群体的利益。这一视角的基本假设是:一个社会存在或可能存在着许多相互冲突的文化要素,而不同的文化要素代表着不同利益群体或社会阶级的利益。

在冲突理论的视角下,数学课堂文化中存在的多种文化要素其实也代表着不同社会群体的利益,而不同社会群体的利益更需要有一定的数学课堂文化支撑。例如,数学教学中对于基础知识和基本技能的过度重视可能体现了社会中保守群体的要求,他们希望在数学课堂教学中遵守传统的对于"双基"的重视,而现代数学课堂教学中对于现代技术的使用可能体现了社会中科技精英群体的要求。再例如,当前的数学课程改革在某种程度上可以看成是社会中保守群体和改革群体的博弈。一个时期的数学课堂文化,实际上反映了不同社会利益群体对于数学人才需要的平衡。

第五章　数学教学与性别差异

数学课堂中的性别包括教师的性别和学生的性别。对于教师的性别与数学教学的关系目前有一些零星的研究，如有人认为小学特别是小学低年级的数学教师最好由女性担任，而中学特别是高中阶段的数学教师由男性担任会更为合适。不过在本章内容中，我们主要关注的是学生的性别。学生性别与数学成绩之间的关系实际上很早就引起了数学教师和数学教学研究者的关注，这方面的研究成果也比较多。以下将从社会学的视角来审视数学课堂这个小社会中学生的性别与数学教学的关系。

第一节　男性与女性的差异

在本节中，我们主要从生理学和心理学方面来研究男性和女性在生理和心理上的差异。

一、男性与女性在生理上的差异

当一个小生命降临时，我们需要通过性器官才能确定孩子的性别，因为除此之外，其他的方面都是相似的。实际上，两性生理的差异在胚胎形成时就已经确定了。性别的产生取决于父母双方的精子和卵子的结合体。精子细胞的性染色体一半为 X 染色体，一半为 Y 染色体，而卵细胞的性染色体均为 X 染色体。含有 X 性染色体的精子细胞与卵细胞结合时，会生成女性；含有 Y 性染色体的精子细胞与卵细胞结合时，会生成男性。性器官一旦形成便开始产生性激素，而在青春期时，性器官会产生更多的性激素，从而引起了男女生理上的快速变化。一些研究表明，性激素会影响个体的某些行为。例如，男性似乎比女性更富有活力，更具有征服欲，而女性更愿意扮演母亲的角色。研究者也发现，无论是男性还是女性都可能采取同样的行为模式，只不过某些模式在某种性别中更为普遍而已。有性学专家认为，男性和女性身体中的性激素差异只是预定了他们的不同行为倾向，这种倾向也就是男女的天性,不过这种天性在某种程度上会被社会化改变。总的来说,两性之间虽然存在着生理差异,但是从基因和性激素上却不能解释性别角色的差异,心理因素和社会因素可能更为重要。

二、男性与女性在心理上的差异

社会学家认为"心理差异"主要是指行为、智力和个性上的差异。对于男性与女性在心理上差异的研究是一件比较复杂的事情,学界对此也有较多的争论。其中有一个重要的研究方法是跨文化研究,即在不同文化之间比较男性和女性的心理差异。如果大部分文化中都体现出某种特定的差异,那么这种差异就可能是先天遗传而不是后天习得的。但这样做也有问题,因为社会化进程从出生之日起就开始了,因此我们就很难说是什么原因引起了这种差异。只能这样说,差异出现得越早和越普遍,它就越可能是天生的。跨文化的研究认为,女性一般比男性更愿意寻求帮助,而男性比女性更愿意吸引其他人的注意。研究还发现,男性的侵犯性行为和女性的感性行为出现得很早,因而更可能是生理原因所导致的,而女性的养育本能和男性维护统治的行为出现得较晚一些,因此可能是受到社会化的影响所致。到目前为止,研究者们得出了一些已被公认的关于男性和女性心理差异的结论,这些结论得到了许多强有力的证据支持。以下列举几个:从少年期到成年期,男性的视觉空间能力一般强于女性,视觉空间能力是指对空间中物体的视觉观察力以及对这些物体之间具有什么样关系的判断力;大约从 12 岁开始,男性的数学技能的增长要比女性快;大约在 11 岁到 18 岁这一阶段,女性的语言能力开始超越男性,并且这种优势会一直持续下去。当然,也有一些早期的关于男性与女性心理差异的结论在今天看来仍然缺少有力的证据支持,如男性在社会活动中比女性更加活跃、男性比女性更好竞争、女性比男性更被动以及男性比女性更愿意探索新环境等。

总之,男性和女性虽然存在着生理差别,但这种差别在很大程度上并不能解释性别角色的差异,而许多性别角色的差异却可以从心理差异上得到说明。

第二节　数学研究和数学教学中的性别差异

始创于 1936 年的菲尔兹数学奖(Fields Medal)每四年一次,颁给年龄不超过 40 岁在数学领域有杰出贡献的数学家,每次获奖的人数为 2～4 名。由于其获奖难度之大和在数学领域里的巨大影响,因而被称为"数学界的诺贝尔奖"。和往届的菲尔兹奖相比,2014年的菲尔兹奖在全世界范围内产生了更为巨大的影响,其主要原因来自于获奖者之一的美国斯坦福大学教授玛利亚姆·米尔扎哈尼(Maryam Mirzakhani)。社会关注的并非是米尔扎哈尼教授在黎曼曲面及模空间的动态性上所做出的巨大成就,而是因为她是位女性。从1936年到2010年,52位菲尔兹奖得主无一例外均为男性,由此菲尔兹奖又被戏称为"男人俱乐部"。

从数学史上看,男性数学家的数量远比女性要多。维基百科上记录在案的女性数学家只有138人,相比而言,古今中外的男性数学家何止千万。如果让一个学习数学的人(如中小学数学教师或高等师范院校数学系的学生)说出几个数学家的名字,他会很轻松地列出一大串,当然这些数学家毫无例外的都是男性。如果让他说出几个女性数学家的名字,那么他很可能一个都说不出。有些数学史网站会给历史上的著名数学家排名,诸如"有史以来最著名的十位数学家",尽管排名略有不同,但无论哪个版本,前十位著名数学家中肯定没有一位是女性数学家,甚至在前三十位排名中都没有女性。那么,为什么只有很少的女性能成为数学家? 从人口的数量上说,男性与女性的数量是基本相当的。难道女性不适合学习和研究数学? 难道数学真的是男性专有的学科?

在前文关于两性心理差异论述中曾给出了几个已被公认的性别差异,其中有两条是值得我们注意的,即一般来说男性比女性的视觉空间能力要强一些和男性比女性的数学技能大约从12岁开始要增长得快一些,这两条实际上都与数学的学习和研究有关。第二条涉及的是运算和绘图等数学技能,这里不再多说。我们只看第一条"一般来说男性比女性的视觉空间能力要强"。在日常生活中,我们经常会遇到某位女士抱怨自己走路不记路容易迷路,当然也会遇到有男士不记路的,但似乎是不记路的女士要比男士多一些。走路不记路容易迷路实际上就是视觉空间能力较差的表现,那么这和数学的学习与研究有什么关系? 笔者认为,数学家的数学创造实际上是在头脑中进行的图形操作。数学家首先要将数学问题在大脑中转化成图形的形式,接着对形成的图形进行操作,这与物理学家和化学家在实验室中进行物质操作的科学实验很相似,不过数学家是在大脑中通过想象进行操作的。我们通常说"数学是思维的科学"在很大程度上就是指数学家在头脑中的思维操作。当一个人的视觉空间能力较强时,他在头脑中通过想象对图形进行思维操作的能力也相应地较强。

从以上的分析看,似乎男性更适合成为数学家,但问题并不是如此简单。首先,数学家只是这个社会极少数人的职业,绝大多数人所做的工作不仅与数学研究无关甚至与数学都没有关系。其次,男性比女性具有更强的视觉空间能力从而也就具有更强的空间思维能力,以及男性比女性具有更好的数学技能等观点,只是对于一般情况而言,具体到个体则未必如此。例如,女性更容易因为视觉空间能力一般来说要弱于男性而迷路,但是大多数的女性并不会迷路。假如有50%的女性空间思维能力较弱,而这个比例在男性中只有 20%。反向理解这句话,也可以说成还有 50% 的女性具有较强的空间思维能力,尽管和 80% 具有较强空间思维能力的男性相比,女性的空间思维能力不如男性,但是具有较强空间思维能力的女性在绝对数量上仍然是非常大的。由于数学家这种职业所需要的人数是相当少的,因而,从具有较强空间思维能力的女性群体中选择一部分来从事数学职业是没有任何问题的。显然,有巨大数量的女性是适合做数学家的,她们在数学能力上不亚于男性。那么,为什么只有极少数的女性能成为数学家?这显然是值得研究的问题。任何一个社会都希望最大限度地发挥自己所有成员的作用,而女性数学家的极度缺少意味着女性在促进数学发展上并没有发挥应有的作用,这将不利于数学的发展,不利于社会的进步。近年来,许多国家都切实地认识到科学、技术、工程和数学(Science,Technology,Engineering,Mathematics,简称 STEM)对于国家的进步和社会的发展所产生的巨大推动力,而 STEM 人才的培养已成为一个国家最为关心的问题之一。在此背景下,女性 STEM 人才的培养成为了亟待解决的问题,其中女性数学家的培养更是一个突出的问题。那么,女性数学家为什么如此之少?从前面的分析可知,如果只从心理差异的角度来解释悬定是行不通的,还需要从社会文化的角度来理解。

现在我们来探讨中小数学教学中的性别问题。与前面讨论的数学家中男女性别的问题不同,在中小学无论是男性还是女性都需要学习数学。前文说过,在大多数情况下,从 12 岁开始,男性数学技能的增长会快于女性,那么是不是这就意味着在中小学数学教学中男性的数学学习就会明显地好于女性?答案并非如此。首先,在中小学学习的数学知识是数学领域中最基础和最简单的部分,它和数学家的数学研究有很大的区别(尽管现在的中小学数学教学中也注重培养学生探讨发现数学的能力,但这仍然与数学家的探究发现有很大差别,因为教师在其中发挥着很大的作用),像数学家那样在数学创造中发挥重要作用的直觉和空间想象能力在中小学数学学习(包括探究)中的作用是很小的。就目前世界各国的中小学数学学习状况来说,数学知识的理解和记忆、简单数学技能的熟悉以及对数学解题的模仿都是非常重要的部分,因而就所学习的数学对象来说,并没有对中小学生产生过多的困难。其次,虽然说从 12 岁以后男性在数学技能的增长上要快于女性,但这只是一种趋势而已。换句话说,如果不考虑所有其他的条件,大概从初中一年级开始,男性的数学成绩要逐步高于女性。以上两点是男性在数学学习上的优势,但其实在数学学习上女性也是有一定的学习优势的,如语言学习。而我们已经知道,数学实际上就是一种语言。从语言的角度看,学习数学就是学习数学语言,而女性比男性能更好地掌握数学语言,换句话说,女性能更好地掌握数学知识。无论是男性在空间想象力和数学技能上超过女性,还是女性在数学语言的掌握上胜过男性,这些都是一种趋势。数学学科的学习与其他任何学科的学习类似,成绩的高低是由多种因素决定的,如对数学的兴趣和自身的努力等因素在学习过程中都扮演着非常重要的角色,这些因素的合成最终决定了学生的数学学习成绩。因此,男性的数学学习优于女性是有可能的,而女性的数学学习优于男性也是有可能的。综上所述,在中小学数学学习中的性别差异实际上并不是一个很明显的问题,无论是学习内容本身还是两性自身的特点,都没有特别的理由说明会产生性别上的差异。

　　上面的分析告诉我们,在理论上,中小学数学学习中并没有明显的性别差异问题,但现实如何呢? 国内的一些调查表明,中小学数学学习中的性别差异是存在的。笔者曾经对合肥地区做过一项调查,结果显示了九年义务教育阶段数学学习的性别差异是存在的,但在不同的区域其差异的程度是不同的[①]。而有学者亦对天津地区做了同样的调查,发现并没有差异存在,但该研究发现男女生在数学学习的驱动力、动机和自我信念方面有明显差异。与男生相比,女生学习的坚持性、问题解决的开发性、对自身解决数学问题能力的自信更差,而数学焦虑更强,更倾向于将数学学习失败的责任归咎于自身以外的因素[②]。在国外,关于数学学习中性别差异的调查有很多。例如,德国的 Henrik Winkelmann 等人在 2008 年发表的一篇较有影响力的研究论文中,对德国小学三年级和四年级的数学学习中的性别差异调查就是在全德国范围内进行的,涉及全德国 16 个州的近 1 万名学生,得到了诸如三年级的性别差异要大于四年级以及班级中男女生的比例并不影响个体的数学学习成绩等结论[③]。美国和英国的一些调查表明,近年来,中小学男女生在数学学习上的性别差异在逐步减小甚至已不存在。PISA 数学测验显示出参与国学生数学成绩上的性别问题。从 2000 年的数学成绩上看,超过一半(大于 50%)的参与国中男生的数学成绩明显要高于女性。2003 年的 PISA 数学成绩统计显示,41 个参与国中有 27 个(约 65%)国家的男生成绩明显高于女生,只有冰岛的女生数学成绩明显高于男生。2006 年,在 57 个参与国中有 35 个(约 61%)国家的男生数学成绩明显高于女生。而在最近的 2013 年,男生的数学平均水平高出女生 11 分,但其中却有五个国家女生数学成绩高于男生[④]。综合这些年的 PISA 数学成绩分布状况,可以得出在中小学数学学习中男女性别的差异在一些国家非常明显,在其他一些国家却不明显,甚至在一些国家呈现相反的态势。但总的趋势仍然是存在的,尽管可能在缩小。

---

　　① Zhang X G. Research on Gender Differences of Mathematics Achievement from the Views of Gender Socialization[J]. Research in Mathematics Education,2010,14(3):299-308.

　　② 钟君. 天津学生数学学习的性别差异[J]. 天津师范大学学报:基础教育版,2014,15(4):64-67.

　　③ Henrik W, Heuvelpanhuizen M D, Robitzsch A. Gender Differences in the Mathematics Achievements of German Primary School Students:Results From a German Large-scale Study[J]. ZDM Mathematics Education,2008,40(4):601-616.

　　④ 位秀娟. OECD 研究表明男生数学成绩优于女生,英国学生成绩性别差异明显[J]. 比较教育研究,2014(2):109.

有一些关于数学学习性别差异的研究是值得我们注意的。例如,1974 年,Fennema 就曾对数学学习上性别差异的研究做了如下的总结:"在男孩和女孩进入小学之前或在小学低年级,他们在数学学习成绩上并没有明显的差别,在小学高年级和中学低年级,这种性别差异仍不是很显著"[1];1990 年,Hyde 等人在其一篇被众多研究者所重视的原分析论文中就涉及 100 项数学学习中性别差异的研究,从而得出了性别差异随岁数的增加而增加的结论[2];笔者曾经做过一个调查,在调查中发现不同地区中小学数学学习的性别差异都是随着年级的升高而增长的,不过增长的幅度有地区差异。以上三项在不同地区和不同时期所做的研究都表明,总体上男性和女性在数学成就上的平均水平差异很小,呈现出相似性多于差异性的特点。数学成绩性别差异的大小和方向受到评分系统、测验组织形式、测验内容和难度的影响,数学成就性别差异的形成是心理、生物、社会文化等方面多因素综合作用的结果[3]。

现在,我们可以将中小学生的数学学习和数学家的数学创造作为一个整体来研究,应该说这是一个相当复杂的问题。在中小学校,所有的女性和男性一起进行数学学习。在不少国家中,从小学开始,在数学学习上的性别差异从几乎没有到逐步加大,到中学高年级的时候,男性的数学学习明显地要比女性好。而在其他一些国家,中小学生在数学学习上的性别差异在近年来逐步缩小,讨论两性之间的性别差异实际上已经没有意义。特别地,还有一些国家虽然在数学学习上存在性别差异,但却是女性的数学成绩优于男性。而从大学开始,获得与数学有关的学士学位的女性在不少国家几乎占了本科生一半,但从研究生开始一直到大学数学教授,女性所占的比例逐步下降,在顶尖的数学家中女性的比例更是少得可怜,但是女性的比例从纵向来说仍然是在缓慢地增加。总体来说,男性和女性在数学学习或研究上的性别差异仍然存在并呈逐步加剧的势态。

脑科学近年来取得了长足的进步,但是从脑科学的角度并不能提供男性的数学思维能力要优于女性的依据。那么,从理论上说,男性和女性无论是在数学研究还是在数学学习上应该是基本一致的,为什么会出现不一致的现象? 具体来说,为什么在当今的中小学数学教学中,大多数地区仍然存在着明显的性别差异? 为什么不同地区的性别差异的程度是不同的? 为什么随着学生年级的升高性别差异的程度会增加? 为什么除了个别地区外数学学习的性别差异是男性优于女性而不是相反? 对于以上问题的回答,当然会有各种解释,但如果从社会学的角度来回答这些问题,该如何回答? 性别角色社会化对此给出了较好的解释。

---

[1] Elizabeth F. Mathematics Learning and the Sexes:A Review[J]. Journal for Research in Mathematics,1974,5(3):126-139.

[2] Hyde J S,Fennema E,Lamon S J. Gender Differences in Mathematics Performance:A Meta-analysis[J]. Phychol Bull,1990,107(2):139-55.

[3] 刘蕴坤,陶沙. 数学成就的性别差异[J]. 心理科学进展,2012,20(12):1980-1990.

第三节　性别角色社会化和数学学习
与研究的性别差异

　　任何时代的任何社会文化都会给男性与女性分配不同的任务，这就叫作性别角色。我们往往会认为性别角色是由性别决定的，但深入的社会学和人类学的研究则表明性别角色是由文化决定的。因此，在不同的文化下，甚至在同一个社会的不同种族和不同社会经济阶层之间，性别角色也是不同的。例如，在18世纪和19世纪，英美的中产阶级对性别角色是这样认识的：男性是"理性的"，女性则是"感性的"，因此男人应该在具有竞争性的政治、经济生活中执掌大权，而女人则应主管宗教祭奠、道德和情感方面的事务，尤其是在家庭中。在中国的传统文化中，一直存在着"男主外，女主内"的思想，即男子外出工作养家，女子在家操持家务，这与18、19世纪英美中产阶级的性别角色观念非常相似。这种性别角色的观念直到今天仍然有着很大的影响，我们在日常生活中经常听到用"主妇"一词来形容女性，已足以说明这一点。

　　一个人从出生之日起就进入了社会，开始了社会化的过程，在该过程中接受和强化性别角色期望。区别对待和对角色模型的认同被认为是影响性别角色社会化的两种不同的机制。所谓区别对待是指包括家庭在内的社会对于不同性别采用不同的对待方式，而这种不同对待方式的根据则是社会认定的性别角色。例如，当一个男孩子哭了，别人会说他生气了；而当一个女孩子哭了，别人会说她害怕了。如果一个女孩子数学成绩很好，别人会夸她学习努力；而当一个男孩子数学成绩很好，别人则会夸他聪明。如果一个男孩子由于玩耍而弄得满身泥水，家长往往并不生气；而如果一个女孩子由于玩耍弄脏衣服，家长则会生气地批评她。细心的观察会发现，在数学课堂教学中，教师也可能会区别对待不同性别的学生。例如，同一个问题，如果男生回答对了，教师的评价可能是"这个问题比较简单"；而如果是女生回答对了，教师可能会大加表扬。教师的这种区别对待反映了其内心对于男生和女生数学学习的某种观念，即男生本来就应该回答好，而女生要回答好则需要经过努力。所谓角色模型是指社会中的其他男性和女性的所作所为给男孩和女孩的角色示范，以此来告诉男孩和女孩应该做什么和不应该做什么。儿童性别角色示范最重要的人是他们的父母亲。另外，在现代社会中，各种媒体尤其是电视所宣传人物的行为对于孩子性别角色的形成是有很大影响的。在数学课堂中也会出现角色模型的情况。例如，教师在鼓励学生努力学习数学时可能会列举某些大数学家克服困难钻研数学的例子,而通常被列举的数学家都是男性。通过区别对待和对角色模型的认同这两种角色社会化机制,孩子就会逐步形成社会所期望的性别角色。

显然,某个个体所在的社会对于男性和女性在数学学习和研究上的主流看法,对其在数学上的成长具有重要的影响。在个体成长过程中,他会接触到许多数学或与数学有关的事情。在学校的数学考试中,男生考的差要比女生考的差会受到家长更严厉的批评。如果男生的数学成绩好,家长可能会这样表扬他:真有出息,以后说不定可以当一个数学家;而如果女生数学成绩差的话,家长可能会这样安慰她:没有关系,反正我们以后也不想当数学家。当女生选择大学专业时,家长和教师都可能会劝她不要读数学专业,因为女性不适合学数学。个体在平时阅读课外书籍时或许读到过各种关于数学家的知识,但这些数学家往往都是男性,如牛顿、刘徽和毕达哥拉斯等。另外,媒体在个体社会化进程中发挥了重要的作用,因此在数学学习和研究的性别社会化中,媒体同样也扮演着重要的角色。例如,在笔者成长经历中,媒体也宣传过数学家华罗庚和陈景润等人的事迹,而这些数学家也都是男性。这些男性数学家的角色模型实际上是在告诉孩子们:数学家是男性的职业,女性与数学家是不相关的。当个体进入大学后,他会目睹数学系中的教授多是男性而鲜有女性,会了解到很少有女性获得国际性的数学大奖,这些都会使他认识到女性在数学上比不上男性,女性以数学为职业是没有什么前途的。

社会通过区别对待和角色模型使得社会的主流意识逐步深入到处于社会之中的每个个体的内心深处,个体将这种社会文化意识转化成自我意识,从而实现了社会化。一旦个体完成了社会化,他才在真正意义上成为社会人。此时,个体共享着社会文化,不自觉地按照社会的要求进行思维和行为,即社会意识通过内化并进而影响到个体的思维和意识。就数学来说,如果主流的社会文化认为女性在数学的学习和研究上不如男性,并当这种观念内化为个体的意识时,那么男性就会努力地钻研数学,而女性就会放松对数学的追求,最终的结果就是男性在数学发展上超越了女性。如果社会文化中没有男性在数学上优于女性的观念存在,那么最终的结果就会完全不一样。

第四节　数学课堂中存在的性别差异观念

对个体进行社会化的不只是家庭、社区和媒体,还有学校。人类自从有了学校,学校和课堂便成了个体社会化的最重要场所。

当上数学课时,教师或许会将教室的门关上,但关上了门并不意味着数学课堂独立于社会,它仍然是这个社会的组成部分,社会仍然会对它产生各种各样的影响。就课堂中的某个特定的学生来说,课堂中的所有人和物都在对他进行社会化,或者说社会通过课堂中的所有人或物对他进行社会化。

一、数学教科书中的性别差异观念

教科书是学生数学学习的重要材料,它对学生性别社会化的影响也是不可小觑的。实际上,一般认为包括教科书在内的教学图书是性别角色信息的主要来源之一。在不少国家,教科书中的性别歧视问题已经引起了很大的重视。以美国为例,最为著名的是一项名为"文字和图像中的女性"(*Women on Words and Images*)的研究,它对儿童读物中的性别描述进行了评估。美国18个主要的教科书出版公司在新版教科书出版时,都会根据该研究成果对教科书进行修正。根据调查,最新出版的教科书在避免性别歧视方面有了很大的改进,但是在刻画角色的比例和分配角色的类型上仍然存在着偏爱男性的现象。数学教科书与纯数学著作有很大的不同,数学内容与社会在其中密切地交叉在一起,如与现实有关的情境、数学史片段、应用性的数学题例和习题等,这些都会涉及不同性别的人物。不同性别的人物分配以及在所涉及问题中的角色往往会出现性别上的歧视甚至在数学学习上的性别差异。当然,这些涉及性别的描写通常不是教科书编写者的刻意行为。但是正是这种不经意的性别歧视性的描述,更加反映出编写者的内心所具有的关于两性的信念,这种现象是编写者自身社会化的结果,也是社会文化对男女性别差异的认识。

在美国,相关的研究表明,科学和数学类图书都将女性描写成固定的性别角色。例如,数学问题中涉及的女性常被安排跳绳、买衣服、缝纫、做饭以及计算杂货账单。在美国数学教科书上曾经有这样一道数学题:周末,Green看足球比赛,他的妻子Anne给丈夫做了一些饼。早上,Anne给看电视的丈夫送去了所做饼总数的1/6,中午Green吃了Anne所做饼总数的1/3,晚上Green吃了剩下的9张饼,问Anne一共给Green准备了多少张饼? 该数学题在悄悄地告诉学生:做饭和做家务是女性的事情,看足球比赛是男性的事情,在男性看足球比赛时女性应该伺候他。

在我国,数学教科书中也存在着性别固化和性别歧视之类的问题,过去的数学教科书在这方面的问题更多一些,新的教科书(指实施新数学课程标准的教科书)已经有了很大的进步,但问题仍在一定程度上存在。笔者阅读了人教版七年级的数学教科书,发现涉及性别的图片和文字描述共有20处:涉及体力劳动和建筑施工测量的有3处,均为男性;涉及体育比赛(跑步、排球和篮球)的有3处,均为男性;涉及学校男女生比例的问题有3个,其中有2个分别是男生略多于女生和女生略多于男生,而在第3个题目中的学校为体校,学校中男生多于女生(男生人数占学生人数的60%);利用计算机的图文有1处,图中的两个学生为男生;涉及历史名人的有1处(苏轼);涉及女性的图片有2幅,其中一幅为成人男性与女性用手机通话(题目是关于话费的),男性一脸的严肃,而女性则面带微笑,另一幅是可爱的小女童。由此可以看出,我们的数学教科书是在向学生传达这样的信息:计算机和数学是男性的职业,体育运动和建筑是更适合男性的工作,男性是严肃认真的而女性则是可爱的。这些信息与传统社会文化对于男性和女性的部分定位是相当吻合的,该教科书在某种程度上扮演着社会文化对于性别角色定位的传递者角色。特别地,在这本教科书中介绍了七位数学家,包括欧几里得、丢番图、花拉子米、笛卡尔、李善兰、刘徽和李冶,均为男性,这无疑在告诉学生,数学家是男性的职业,无论在中国还是在外国均是如此。数学教科书在对男女学生性别社会化中的作用主要是通过性别角色认同来实现的。也许,有人会认为像语文和政治等课程的教科书具有社会化作用,而数学教科书并不具有这样的作用,这种观点是不正确的。事实上,数学教科书对于学生的社会化影响甚至在某种程度上比语文教科书更大。语言类的教科书其社会化是外显性的,它会明确地告诉学生一些社会观念,它对学生的影响更具有"强制"性,而数学教科书则不然,它对学生的社会化是潜移默化的,因而其影响力往往更为强大和持久。

二、数学课堂中的教师对于性别差异的观念

数学教师既是数学课堂中的主导,也是大社会中的一员。在其社会化过程中,数学教师会受到社会文化的影响而形成一定的社会文化观念,其中必然包括对两性性别角色和数学学习上的性别差异的认识,这些认识是在很长的时间内逐步形成的,它们实际上已经成为数学教师信念中的一部分并在很大程度上影响着数学教师在数学课堂中的行为。由于数学教师在数学课堂中的主导角色,从而使得他们在数学课堂中的言行能够对学生产生极大的影响,这些言行的一部分是与性别有关的。数学教师在数学课堂上对学生的性别社会化是一种潜在行为,它是与数学教学联系在一起的,体现在数学教学过程之中,体现在与学生的互动中,就教师本身来说,它是一种无意识的行为。在数学教学活动的多个环节中,教师对学生的性别社会化都可能存在。如在情境设置阶段,教师可能会为小学生学习两个数的比较设置这样的情境:(图片上)若干男生在踢足球,若干女生在踢毽子。显然这样的情境在告诉学生,男生是强壮的,适合踢足球;女生是弱小的,只能踢毽子。在数学探究阶段,教师会更多地和男生进行交流,对他们的探究结果给予赞许,这样做表现了教师对于男生具有数学创造力的认可。在提问中,教师可能会给男生提出

更为困难的问题,而给女生提出一些事实性和程序性的问题,这反映了教师对于男生进行高层次数学思维的认可。在提出数学问题让学生解决时,教师可能会提出这样的问题:某班数学期中考试,已知男生的平均成绩为 91 分,女生的平均成绩为 83 分,问男生的平均成绩比女生高多少? 而在对学生的课堂评价中,教师对于男生给予更高的评价,使用诸如"有数学家的潜质""有创造力""太聪明了"等,对于女生的评价则使用诸如"能解决这样的问题已经很不容易了""公式记得牢""有进步"等。数学教师在课堂上如此言行的后果,就是让学生明确女生在数学学习上不如男生。数学教师在课堂中做出如此言行,根源来自于社会,是性别不平等的社会文化熏陶的结果。试想一下,如果教师本人生长的社会文化观念是男女平等,女性在数学学习和研究上不次于男性,那么该教师就不会在课堂上做出如上的言行,而采用男女性别平等特别是在数学学习上采用平等的方式来开展数学教学。不过,正如前文所指出的那样,教师采用哪种方式并不是教师有意为之的,而是教师自身性别社会化的结果。

三、数学课堂中的学生对于性别差异的观念

除了在数学课堂上进行数学学习外,学生很多的时间都是在家中和社区中度过,社会文化通过家庭生活和社区生活对他们产生潜移默化的影响,他们又会将这些影响带入到数学课堂中,在与同学的互动中对对方再产生影响。家庭是学生生活的最主要场所,对学生的社会化影响是非常大的。在一般情况下,家长已经深受社会文化的影响而形成了所在社会的文化观念包括男女性别差异,这种性别差异有时甚至包括在数学学习上的差异。例如,家长可能不经意地和孩子说起"女生在数学学习上不如男生,而男生在语文学习上不如女生"。孩子也会很自然地接受他们这种性别差异的认识(实际上也就是社会文化认识),并将这种认识带到数学课堂中影响其他同学。当然,学生带入到数学课堂中的关于数学学习的性别差异是不同的,这是因为学生所在的家庭和生活的社区是不尽相同的,因而社会文化的影响也是不同的。例如,生活在知识分子家庭的孩子和生活在工人家庭与农民家庭的孩子所接受的文化影响是不同的,即使都是生活在知识分子家庭,也会由于父母的专业领域不同而受到不同的影响。再如,父母是数学家的家庭和父母是文学家的家庭对孩子产生的影响也可能会有很大的差别。由此可见,家庭对孩子的性别社会化主要是通过区别对待的方式来实现的。

四、数学课堂中的现代技术带来的性别差异观念

我们已经知道现代数学课堂的构成除了教师、学生和教科书外,还有一个很重要的成分是技术。要实现现代技术在数学课堂中被广泛地使用需要一个过程,即使在今天,并不是所有的数学课堂都在运用现代技术,更不用说将现代技术与数学教学内容进行整合了。因此,对技术在数学课堂中运用的深度研究并不多,但在此我们可以从理论上进行一些分析。我们知道,几乎在所有的社会中,无论是过去还是现在,"技术"一词通常是和男性联系在一起的。在一般的社会文化中,男性被认为更善于掌握技术和操纵技术,而女性则被认为不善于和技术打交道。由于社会化的作用,男性会形成自己更有技术天赋的认识,而女性则往往会认定自己不善于"技术"。在这样的信念下,男女性在数学学习中面对技术时,他们就会有不同的心态。我们可以想象这样的场景:当在数学课堂中学生们面对一个数学任务时,女生可能由于对技术畏惧而采用传统的方式(如查数学用表、笔算、用量角器和直尺进行测量等)来求解,而男生由于对技术自信而采用计算机进行探究。如果一个数学问题需要每个学生都用计算机作为工具,那么男生可能会尝试着运用各种数学软件,如几何画板甚至像 Maple 一类的高级软件,而女生可能就会缺少深入尝试的勇气。可以想象,由于男生对技术的自信和女生对技术的不自信,在数学教学内容和技术充分整合的情境下(而这实际上正是数学教学现代发展的趋势),男生会在数学上学得更好。而男生比女生在数学上有更好的表现,会反过来强化这样的思想即男生在现代技术条件下的数学学习和研究要优于女生。另一方面,由于教师身处"技术是男性主导"的社会文化环境中,所以也会不自觉地倾向于让男生更多地涉及技术,这样又进一步增加了男生在技术使用上的自信心。以上是笔者对数学课堂教学中技术对于两性数学学习影响的理论分析,与现有的一些调查结果也是基本相符的。例如,在对墨西哥数学教学中技术对于男女生数学学习影响的持续三年的调查研究中,Sonia Ursini 等人发现,在运用技术的数学课堂中,男生对数学的态度要明显好于女生。由于学生对数学的态度会极大地影响到数学成绩,因而技术在数学课堂中的使用无疑会更好地提高男生的成绩,从而造成男女生在数学学习上的性别差异。另外,该调查还发现,在教学中运用技术的课堂和不利用技术的课堂中女生对于学习数学的态度相比,前者要大大高于后者,从而说明了技术的使用有助于女生的数学学习①。由于现代技术在数学教学中的使用是现代数学教学的必然趋势,因而我们要防止在新技术数学教学中出现新的性别差异。

综合以上四点,无论是教科书、教师,还是学生、技术,都是在数学课堂之外的

---

① Ursini S, Sanchez G. Gender, Technology and Attitude towards Mathematics: A Comparative Longitudinal Study with Mexican Students[J]. ZDM Mathematics Education,2008,40:559 - 577.

社会中具有男女不平等特别是对女性有数学学习歧视的假设下进行的,实际上这种假设也正是现代社会中男女地位关系的真实描写。试想一下,如果社会文化是男女性别平等,男性和女性经过同样的努力可以取得同样的数学成绩和在数学研究成果,那么剧情就将会反转。

上文从教科书、教师、学生以及技术四个角度对数学课堂的社会化以及学生数学学习的影响进行了分析,那么在这四个成分中,哪个是最关键的? 笔者认为,教师是最为关键的,以下是笔者对教师在其中的关键作用进行的一些分析。我们知道,数学课堂文化在很大程度上受到社会文化的影响,甚至可以说,数学课堂中的文化在某种程度上是在复制社会文化。例如,社会上的技术使用如果很普遍的话,数学课堂中的技术使用往往就是比较普遍的。就性别差异来说,社会上如果普遍存在着性别歧视的话,数学课堂中学生在数学学习中的性别歧视往往就会存在。正常情况下,教师不过是这种复制过程的主要推手而已。但是,由于教师在数学课堂中的主导作用,他能够建立一种与外界社会文化有差别甚至大不相同的文化。就本章的论题而言,尽管社会文化是一种男女不平等的文化,但是如果教师自身具有男女平等的坚定信念,那么他就可以在教学中做到男女平等,并且通过建立相应的数学课堂文化从而为所有的学生所认可。对于大多数学生来说,由于教师是数学上的权威,他们关于性别与数学学习的见解最容易被学生接受,这也说明数学教师数学教学的信念(其中就包含着男女性在数学学习上是否平等)对于学生的性别社会化是多么重要!

要建立一个男女在数学学习上平等的数学课堂取决于很多方面,大的社会环境是特别重要的一个方面,良好的社会文化使得男女平等成为全社会的共识。自从 20 世纪 60 年代"女权主义"运动以来,在世界上绝大多数国家,男女平等观念的发展已经有了很大的进步,这为性别平等的数学课堂的建立提供了很好的外部环境。但是,在很多国家仍然在一定程度上存在着男女不平等观念,特别是男女在数学学习和研究上不平等的存在更为明显。在这种情况下,政府和相关组织应该探索各种方法为男女平等的数学课堂创造条件。例如,媒体应该展示女性在科学和数学上的成就,应该对相关的节目进行审查,去除男女不平等的内容;要注重数学教科书的社会学审查,而不只是对其数学内容的关注;出版商或教育主管部门应该仿照美国的做法,对教科书进行性别问题的社会学分析,最大限度地减少不正确的性别差异的描述;在社会文化环境中性别差异存在的情况下,要发挥教师的重要作用,使得教师所建立的数学课堂文化能最大限度地消除社会中男女不平等思想的影响。

第五节　不同理论视角下的数学学习性别差异

一、功能主义理论视角下的数学学习性别差异

功能主义理论将社会看成是一个由各种相互关联的地位和角色所构成的有机系统。这些地位和角色建立在被广为接受的价值观、信念和期望的基础上，并被安排在各种社会制度中。功能主义理论强调各种地位和角色在正常情况下相互之间的和谐与互补。正因为如此，功能主义理论认为传统的性别角色有助于社会的有效运行。

功能主义理论认为传统的性别角色虽然源于早期的社会分工，但用在今天仍然是合适的。早期的男女社会分工是建立在生理差别的基础上，女性的生育能力使得她们主要的职责是在家庭中喂养和照顾孩子，而男性由于拥有强壮的身体，其主要职责是获取食物和抵御外敌，这使得男性成为占统治地位的性别。功能主义理论认为，要使得一个小群体有效地运转，需要工具型领导和表意型领导。工具型领导主要负责指挥群体实现目标，而表意型领导主要负责解决内部冲突，促进和谐和团结。当把以上的观点用于家庭中时，父亲在家庭中充当着工具型领导，而母亲则是表意型领导。虽然现代社会的女性越来越多地走向社会，但功能主义理论认为，工具型角色对应男性和表意型角色对应女性仍然是最自然的，女性在家庭中的首要角色仍然是一个"情感型"家庭妇女。男女的这种角色分配对于家庭和谐十分重要，而家庭的和谐运转对于社会的自然发展是非常关键的。简单地说，功能主义理论认为传统的男女角色分配对于今天的社会发展不仅是适合的，也是非常重要的。"情感型"女性自然应该学习与情感相关的课程，包括音乐、文秘、文学等。而抽象的、工具性的课程如自然科学、计算机和哲学等，应该是男性学习的，当然女性为了教育孩子也可以学这些课程的简单内容。

显然，在功能主义者看来，数学课堂中的性别差异是正常现象，男性的数学学习就应该比女性好。女性只要能够为教育孩子和应付日常生活而学会基本的数学知识就可以了，高层次的数学思维、数学问题解决以及数学创造对于她们来说是没有必要的。而男性则不然，他们必须要对数学有深刻的理解，因为他们今后要从事的工作需要用到大量的数学知识。在功能主义者看来，由于数学学习中的性别差异对社会的发展是有利的，因而不是要努力去解决数学学习中的性别差异，而是要保持这种差异存在的状态。

功能主义理论对于数学学习中的性别差异是难有说服力的。功能主义的说法

无疑剥夺了女性学习和研究数学的机会，这在倡导男女平等的现代社会明显落后于时代发展。而且，功能主义在性别差异上的根据是古代的男女自然分工，将这种基于生理差别的分工用到基于智力的数学学习和研究上也是没有道理的。

二、冲突理论视角下的数学学习性别差异

一方面，冲突理论者认可功能主义理论关于传统性别角色起源的说法，另一方面，他们认为传统的性别角色已经不再适应当今社会的发展。由于文化是由经济力量和技术力量形成的，而经济和技术力量的发展必然会导致性别角色的改变。今天，随着女性逐渐被允许进入了劳动力市场，女性角色发生重大改变的局面很快就会出现。

冲突理论特别强调社会是由男性统治的。作为统治群体，男性会设法限制女性接近由男性分享的社会经济和政治权力的机会，从而减少女性带来的竞争。

从冲突理论的角度看，数学学习中的性别差异观点是不合理的、不合时宜的、非常传统的。那些鼓吹数学学习性别差异合理性的人实际上代表着传统的男性统治群体，他们不希望女性像男性那样甚至比男性更好地学习数学，从而给传统的和所谓男性的职业（如数学、计算机、科学等）带来竞争，并进而瓦解男性在这些领域的统治地位。为此，他们漠视相关的研究成果，没有根据地强调男性在数学学习和研究上的"优势"，这只不过是一种自私自利的表现。而那些呼吁男女在数学学习和研究上平等的人所代表的是女权主义者或者是男女平等主义者，在他们看来，男性能做到的女性同样能做到，男性在数学学习或研究上能取得的成就女性也能取得。

综上所述，冲突理论在性别差异上的观点较功能主义理论更为合理。

第六章　数学教学中的不平等

在上一章中我们讨论了数学教学中的性别差异,涉及在数学教学中一些由于男女性别差异导致的不平等现象。本章我们将讨论数学教学中的不平等问题。

第一节　教育机会的不平等

我们经常见到孩子背着书包进入学校接受教育,可是我们想过没有,这些来自不同家庭的孩子接受教育的机会平等吗? 这涉及社会研究或教育社会学研究的一个重要话题即教育机会平等(Equality of Educational Opportunity)问题。该概念并无深奥之处,无非就是指每个孩子,不论其家庭背景如何,不论其自身的身体条件如何,都能获得同样质量的教育。一些统计数据和研究告诉我们,若想实现真正的教育机会平等,仍然还有漫长的路要走。

2001 年,联合国教科文组织估计,全世界有 1.15 亿儿童没有机会接受小学教育,他们大多数生活在撒哈拉以南的非洲地区和南亚地区;只有不到 50% 的适龄儿童能够接受中等教育。十多年后的今天,以上数据肯定会减小,但绝对数量仍然是惊人的。在绝大多数国家,个人受教育程度与其所从事的职业和收入都有着密切的关系,与其身份地位和拥有的权力也有很大的关系。以 2004 年统计的美国人的年收入和所完成的教育为例,25 岁以上受过九年或以下教育的男性收入中值约为 21 659 美元,女性约为 17 023 美元;完成高中教育的男性收入中值约为 35 725 美元,女性约为 26 029 美元;有学士学位的男性收入中值约为 57 220 美元,女性约为 41 681 美元。可见,受到的教育程度越高,收入越高,两性间的收入差距也越大。根据 1990 年对美国各阶层人民与其接受教育程度的调查:生活在社会上层的人(1%～3%)接受的是精英学校的人文教育;生活在中上层的人(10%～15%)接受的是研究生教育;生活在社会中下层的人(30%～35%)接受的教育为高中教育,部分接受的是大学教育;工人阶层(40%～45%)接受的教育为小学教育,部分接受的是高中教育;生活在最低阶层的人(20%～25%)则是文盲[①]。可见社会阶层与

---

① 波普诺.社会学[M].10 版.李强,译.北京:中国人民大学出版社,1999.

所接受的教育程度是相对应的。那么教育机会不平等的第一种情况是不同的人接受的教育程度是不同的。无论哪个国家在这方面的情况都是类似的,即上小学的人最多,然后逐渐减少,等到了硕士和博士教育阶段时,人数已经非常少了。也就是说,不同的人接受的教育程度是有很大差别的,有的人只接受了小学教育,而有的人则拥有博士学位。由于教育程度与收入地位等之间的关系,从而导致了不同受教育程度的人在社会结构上的不平等。

在今天的社会,绝大多数适龄儿童是有机会上学的,但他们接受的是平等的教育机会吗?一个非常普遍的现象在绝大多数国家都存在着,那就是学生上教学质量不同的学校和被能力分组,这也是教育机会不平等的第二种情况,下文将着重讲解。

一、上教学质量不同的学校

在美国等许多国家,中小学校有公立和私立之分。一般认为,私立学校的教学质量要比公立学校高。1982 年,美国的科尔曼及其同事对全美一千多所公立、私立和教会学校约 6 万名高二、高三学生进行了测试,结果显示私立学校的教学质量最高。正因为如此,高收入家庭更倾向于选择教学质量高的私立学校。据美国1990 年的一项调查显示,家庭年收入在 1.5 万美元或以下的家庭仅有 3％选择私立学校,收入在 1.5 万～3 万美元的家庭有 7％选择私立学校,收入在 3 万～5 万美元的家庭有 9％选择私立学校,收入在 5 万美元或以上的家庭有 16％选择私立学校。[①] 可见,由于不同学校提供的教育机会不一致,因而学生受到的教育是不平等的。较高收入水平的家庭将孩子送往教育质量较高的学校接受教育,使得孩子今后有更大的机会在社会上成为有声望和地位的人。由此可见,学校教育实际上成为了社会结构再生产的工具。这种现象并非美国独有,而是在世界各国普遍存在的,并不取决于国家的社会制度和发达程度,如我国近年也出现了大量的私立学校。我国目前施行的是九年义务制教育,因此在小学和初中阶段,公立学校是免收取学费的,而私立学校则要收取不菲的学费;到了高中阶段,公立学校才开始收取学费,但与此同时,私立学校收取的学费要比公立学校高得多。除了私立学校外,我国各所公立学校之间的教学质量也有很大的差距,从名称上可以大概看出不同,如重点中学、示范中学和普通中学等。学生在私立学校或办学质量差距很大的不同的公立学校学习,接受着有巨大差距的学校教育,从这一方面来说,我国学生受教育的机会也不平等。

---

① 波普诺. 社会学[M]. 10 版. 李强,译. 北京:中国人民大学出版社,1999.

二、能力分组

能力分组在我国实际上就是根据学生的能力不同进行分班的意思。实施教育的对象是学生,他们的家庭背景和能力千差万别,如何才能最大限度地教育好这些学生? 能力分组正是为了解决这样的问题而产生的。从理论上说,将相似能力的学生分成一组或一个班进行教育会更加有效,而大多数教师也认为教一组学习水平相当的学生会比较容易。但在具体的实施过程中发现,位于能力分组底层的学生大多是低收入家庭和弱势群体家庭,也就是说,学习能力问题的解决导致了社会问题的产生。近年来的一些研究表明,在幼儿时期,儿童认知能力的差别与家长的社会阶层有着密切的关系(这种现象其实也是可以解释的,例如,家长的社会阶层在很大程度上决定了他们对于儿童的早期教育),如果在幼儿园和小学低年级进行能力分组的话,就会使得弱势群体家庭的儿童分在低能力班组中。在不同能力组学习的学生有着非常不同的学习经历,这些经历对于他们今后的发展会产生重要的影响。一般来说,在低能力班组中学习环境较差,而在高能力班组中则具有较好的学习环境,这些学习环境会影响着学生自我概念、动机、智力发展和学习成绩等。因此,能力分组实际上也在一定程度上进行着社会结构的再生产。在不同班组中学习的学生实际上接受着不同的教育,也就是说这些学生接受教育的机会是不平等的。美国有个很著名的相关案件的判决:最高法院在 1967 年华盛顿特区霍布森诉讼汉森一案的判决中认为,将学生分为快慢班造成少数族裔和非少数族裔的隔离是违反宪法的[①]。但很显然,这么多年来能力分组仍然在美国和世界各地施行,在我国也是同样存在。我国很多学校的快慢班是以不同的名称存在,如实验班、竞赛班等。当然,也并不是所有的国家都实现能力分组,日本就是一个特例。日本施行的异质性分组,即所有的学生都是根据年龄来分班的。日本的家长和教师认为每个学生在学校都能够学得好,只不过有的学生需要比其他人付出更多的努力而已,日本人的这种做法以及背后的思想对于我们是有一定启发的。

综合以上两点论述,在当今世界上很多国家和地区的学生受到的是不平等教育,有些获得了更好的教育机会,而有些获得的是较差的教育机会,由于不同的教育机会与其今后在社会上所取得的地位有很大的关系,因此学校作为社会结构再生产的工具在相当大的程度上起决定性作用。

---

① 波普诺.社会学[M].10 版.李强,译.北京:中国人民大学出版社,1999.

第二节　平等的数学教育机会

　　数学教育是教育体系中的一个部分,数学教育和一般教育之间的关系是特殊和一般的关系。由于数学教育的特殊性以及本书的主题,在本节,我们将重点讨论数学教育中的教育机会平等。

　　数学教育机会平等(Equality of Mathematics Educational Opportunity)是指一个国家的所有适龄儿童都应该有同样的机会接受所能提供的高水平的数学教育,从而得到在数学上的发展。如果谈论一般的教育机会平等,我们似乎都能理解,但是在说到数学教育机会平等时,有人就会觉得难度挺大,毕竟数学是一种抽象严谨的学科,不是所有人都能够学好的。对此,笔者先简要解释一下上面对于数学教育机会平等的界定。首先,数学教育机会平等是指在一个国家范围内的平等而不是涉及不同国家之间数学教育机会平等性的比较,因而数学教育机会平等是指一个国家内不同地区和同一地区不同学校之间的比较。其次,所有适龄儿童意味着不论家庭背景,不论其父母有什么样的社会地位。再次,高水平的数学教育主要包括高水平的数学教师和教学设备。最后,所有学生都能达到在数学上的发展是指所有的学生都能够完成数学课程标准中规定的教学目标,并且在数学的知识技能、过程方法以及情感态度方面得到最大限度的发展。

　　实现数学教育机会平等为什么如此重要?这是由于数学在我们今天社会中所扮演的重要角色以及数学对于人自身发展所具有的重要性决定的。我们在日常生活和工作中会越来越多地运用到数学知识,并且越是高层次的工作越是需要更多更高级的数学知识。NCTM 在《学校数学教学的原则和标准》中对数学于个体的重要性进行了如下的中肯说明:"我们生活在一个数学的世界。无论我们是决定一次购物、选择一种保险或健康计划,或者运用一个电子表格,都依赖于我们对于数学的理解。互联网、CD-ROM 以及其他媒体传播着大量的数据信息。在工作场所中所需要的数学思维及问题解决的水平已经显著的增加。在这样的一个世界里,那些能够理解并能够做数学的人将具有其他人所没有的机会。数学能力打开了创造未来的大门,而数学能力的缺乏将会关闭这些大门。"为此,NCTM 将"平等原则"作为六个教学原则之首(其他五个原则分别是课程原则、教的原则、学的原则、评价原则和技术原则)。对于"平等原则",NCTM 给出的简单解释是:卓越的数学教育要求平等——对于每一个学生的高期望和有力的支持[①]。正因为如此,学习

---

　　① NCTM. Principles and Standards for School Mathematics [EB/OL]. http://www.nctm.org/Standards-and-Positions/Principles-and-Standards/,[2016-6-6].

数学、学好数学和学更多的数学对于他们都是必要的,因而每个学生都有学好数学的权利,社会应该无条件地为每个学生提供学好数学的机会,正如我国的数学课程标准所要求的:"人人都能获得良好的数学教育。"数学教育要做到给每个学生提供平等的学习机会,确保不会因为数学教育上的不平等造成学生在今后工作和发展上的不平等。另外,数学学习对于一个人成为现代文明社会的一分子是必要的。现代社会的文明人应该是有理性的,且具有批判性思维和创新精神,而数学学习可以在一定程度上塑造这样的精神。齐民友教授在其《数学与文化》中断言:"一个不以数学作为文化的民族是注定要衰落的。"[①]我们也可以说,一个不掌握充分数学知识的人不是一个真正意义上的现代人。

那么在当今社会,每个学生的数学教育机会平等吗? 从上节内容可以得知,对于学生来说,学校教育的机会往往是不平等的,由此可以推测出学校给每个学生提供的数学教育机会往往也是不平等的。不过,这个结论并不具有数学教育特殊性。实际上,在数学教育领域,对数学教育平等性的研究是很多研究者非常关注的课题,为此也开展过不少的研究。一般来说,要研究数学教育的平等性可以从三个维度来进行,即国家与国家之间的数学教育公平性、学校与学校之间的数学教育公平性以及个人与个人之间在接受数学教育上的公平性。国家与国家之间数学教育的公平性研究主要是借助于两个大型国际数学教育评比,即 TIMSS 和 PISA。研究者通过对参与国学生的数学成绩与该国的富裕程度、政治文化以及教育体系等进行对比,试图找出其内在的联系。其中有几位研究者得出了类似的结论:富裕程度(GNI,即国民总收入)越高的国家,数学教育公平性越高。例如,马丁斯和维加通过对 PISA(2003 年)结果的研究得出,较高的社会经济水平与较高的数学教育公平水平是高度相关的。鸠达克通过对 TIMSS(2003 年)45 个参与国中 18 个国家的学生所取得的成绩以及所属国家情况的研究,得出:一个国家的国民总收入越高,数学成绩越高,数学教育越公平。至于学校与学校以及个人与个人之间的数学教育公平性,一些研究得出了相似的结论:如果学校拥有更强有力的财政支持,那么该学校的数学教育会更为公平,如果学生家庭越富裕,数学成绩就会越好,越会得到公平的数学教育机会[②]。由此可以看出,富裕程度与数学成绩、数学教育公平具有相当密切的关系。

日本和美国 NCTM 对于教育平等和数学教育平等的认识有一个共同之处:相信学生,相信通过他们的努力和充分的支持,就一定能够学好数学。这种认识无论是对学生的数学学习还是数学教师的教学以及教育主管部门的政策制定都具有极为重要的意义,就数学教育的平等性上说,它也应该是一个基本的指导思想。试

---

① 齐民友. 数学与文化[M]. 2 版. 大连:大连理工大学出版社,2016.

② Murad J. Socio-Economic and Cultural Mediators of Mathematics Achievement and Between-School Equity in Mathematics at the Global Level[J]. ZDM Mathematics Education,2014,46:1025 – 1037.

想,如果没有这样的指导思想,而是认为学生数学学习的潜力是不同的,即有的学生能学好数学而有的学生天生就学不好数学,那么数学教育的平等性也将无从谈起。教师在教学中就不会给那些他认为没有学好数学潜力的学生更多的支持和鼓励,因为他们既然天生就不适合学习数学,即使给他们再多的支持和鼓励也不会有多大的作用。相反地,教师反而会给那些被认为有潜力的学生更多的鼓励和更大的帮助,因为这才会产生更大的效果。我们在此还可以进一步讨论一个相关的问题:一些数学教师对"没有学不会的学生,只有教不好的教师"这样的话非常反感,认为这是对数学教学的不理解,是对教师的不公平对待。那么这句话到底是否合理?一些教师认为这句话是错的,也就是说,他们认为确实有一些学生是学不会数学的,对于这些学生,教师是不能够帮助他们学好数学的。换句话说,这些教师实际上是相信有些学生不具有学好数学的潜力,即使教师给予了再多的鼓励和帮助都是没有意义的。但是,鉴于前面的分析,笔者认为这句话具有相当大的合理性。这些教师的观点显然是与日本对于每个学生潜力的相信以及 NCTM 对于数学教育平等性的理解不相容的。我们的数学教师应该坚定地相信学生的能力,要认真研究他们的性格特征和思维方式,对不同的学生采取不同的教学策略,笔者相信,数学教师的创造性在很大程度上也就体现在这里。

在接下来的两节中,我们将从数学教学的角度来探讨数学教育机会的不平等,不过探讨的立足点是基于我国的数学教育,也就是说主要是对我国数学教育机会不平等的探讨。

第三节　数学教育机会不平等的视角之一:
不同学校的数学教学

高质量的数学教学主要取决于数学教师的水平和数学教学设备。高水平的数学教师表现为具有较高的数学水平、先进的数学教学思想、高超的数学教学技能以及教学管理能力等。数学教学设备包括数学教学技术和数学教学工具等。在这两个因素中,数学教师的水平更为关键。

不同学校之所以能为学生提供不同的数学教育机会,其原因在于不同的学校拥有不同水平的数学教师和不同先进程度的数学教学设备。首先高水平的数学教师是有限的,其次由于我国当前经济发展水平的限制、对教育的投入以及教育主管部门认识上的不同,无法实现所有学校的教学都能配有高质量的数学教学设备,因此,无论是高水平的数学教师还是高质量的数学教学设备的配置在不同学校之间都是不平衡的,而这种不平衡的师资和设备配置在很大程度上造就了不同数学教学质量的学校。

　　就我国而言,城乡差别是一个长期存在的问题,尽管政府在近年来采取了一系列的改革措施,但差别仍然在很大程度上存在。就学校数学教学情况来比较,城乡之间的差别还是相当大的。

一、数学教学设备的城乡差别

　　今天在大多数的城市中小学中数学教学设备是相当先进的,有些城市学校的数学教学设备甚至比发达国家中小学数学教学设备还要先进。电脑、投影仪和展示台对于城市的数学教学来说早已经不新鲜,即使是电子白板也已成为不少学校教室的基本配置。在教室的电脑中,数学教学软件也是应有尽有。在有些条件特别好的地区,学生上课时甚至使用了移动技术,而移动技术是到目前为止最为先进的数学教学技术。在农村(县城及以下)中小学校中,数学教学设备就远不如城市学校那么先进了,并且随着地域偏远程度的加大,数学教学设备会越来越差。数学教学设备特别是现代数学教学技术的适当和合理使用,可以极大地有助于数学教学质量的提高,就像进行一项劳动有没有合适的工具会直接影响劳动效率一样,数学教学中有没有合适的教学设备也会直接地影响数学教学的效果。但是有了合适的数学教学设备并不能保证一定可以进行高质量的教学,而没有合适的数学教学设备则肯定是难以进行有效教学的。举一个例子,笔者在 2016 年夏天曾作为主持人参与举办过一期国培计划,该期学员都是来自于安徽经济较不发达地区的初中和小学的数学教师。在学习中,他们对"几何画板"的使用非常感兴趣,多数教师表示他们从来没有用过,纷纷要求能安排更多的时间让他们练习该软件。而我们知道,在城市的中小学数学教学中,"几何画板"早已经成为教师进行动态演示和制作课件的基本软件。由此可以看出,城市和农村在数学教学中运用现代技术上的巨大差距。

图 6.1　偏远农村的教学课堂

图 6.2　城市的教学课堂

二、数学师资力量的城乡差异

这是一个比数学教学设备城乡差异更大的问题。可以这么说,真正高水平的数学教师主要都集中在城市学校,农村学校中高水平教师是非常少的。造成这种现状的原因实际上涉及到教育人事管理以及教师专业发展等方面的问题。不是说农村的数学教师就不能成为数学教学专家,通过自身努力进行长期的教学探索和反思等,一些农村数学教师也能具有很高的教学水平。这些年来,在全国各地举行的中小学青年数学教师技能大赛中,也可以看到一些来自农村地区的选手,他们出色的教学技能令评委和观众赞不绝口,但这些异常优秀的数学教师所占的比例是很少的。一个很可怕的现象是一旦农村学校出现了一位出类拔萃的数学教师,那么该教师很快就会被城市学校"挖"走。还有一个不争的事实,就是城市学校的数学教师在专业发展上有更多的机会。在城市,不但市级和区级的数学教研室会经常性地开展教研活动,就学校自身来说,对教师的教研活动也普遍比农村频繁和更具有实质性。另外,城市学校往往与高等师范院校很靠近,不少中小学校更是成为高等师范院校的教学基地,很容易请到高等师范院校的教学专家到学校进行教研指导,这种优势是农村学校难以比拟的。如果数学教师在专业上得不到发展,就不可能成为优秀的数学教师,其进行的数学教学也将是低质低效的,而这正是许多农村数学教师现状的真实写照。近年来,很多农村学校出现了招生难和学生流失严重的现象。就笔者所在的合肥地区,一些农村学校由于学生数太少而被合并,在一些勉强可以维持的学校中,学生人数也是少得可怜。造成这种现象的原因有多个方面,但其中较为重要的一个原因,就是一些有较好经济基础的农村家庭看到农村学校教师教学水平的低下和教学设备的落后,从而将孩子送到城市学校上学。因而,当前农村学校数量的萎缩在很大程度上是由于农村和城市学校教育发展不平衡造成的。

城乡数学教学不平等的直接后果就是城市和农村的学生所得到的数学教育机会的不平等。总体来说,农村的学生难以得到好的数学教育机会,而城市的孩子更容易享受到优质的数学教育。

另外,在城市中各个不同学校的数学教育机会也是不平等的。根据城市地域大小的不同,每个城市中有几十所到几百所数量不等的中小学校(公立学校)。生活在城市中的人几乎都能说出哪些学校是所谓的好学校、哪些是中等的学校和哪些是较差的学校。城市不同学校之间的数学教育机会的最大差别是包括数学教师在内的教师水平的不同,而高水平的数学教师往往集中在城市里较好的学校。目前,在我国大多数城市中施行的学生入学政策有:在小学和初中阶段,通常施行的是"就近入学"的政策,即允许学校周围一定地域范围内的居民子女入校上学。按理说,这样的入学办法不会产生不同的社会阶层与不同的学校之间建立关系的情况,但实际情况是高收入家庭通过购买学区房从而实现子女上优质学校的目的,因而每一所优质学校中高社会阶层家庭的子女所占的比例都是较高的。在高中阶段施行的是"考试入学"的政策,即通过中考成绩来决定入学的学生。这看上去学生能进入哪所高中只与其能力有关而与家庭背景无关,但实际上正由于初中学习环境与家庭背景的关系,因此不同的高中在很大程度上也对应着不同的社会阶层。

综上所述,在我国现阶段,学生的数学教育机会在很大程度上是不平等的,这种不平等表现在城乡学校和城市不同学校之间。数学是最重要的基础课之一,它对于学生的进一步学习具有极为重要的作用。城乡之间和城市不同学校之间数学教育的不平衡,意味着它们为不同社会阶层的子女提供了不同的数学教育机会,从而在一定程度上再生产了社会结构的不平等。

三、英才数学教育

"英才数学教育"是指针对数学英才所进行的教育。对英才数学教育的理解可从以下几方面开始,即英才数学教育有什么意义、如何进行英才数学教育以及英才数学教育与平等的数学教育有无矛盾之处。

(1) 英才数学教育的意义是什么? 法国对于包括数学英才教育在内的英才教育是非常重视的,据说这是深受拿破仑的影响。拿破仑曾说,教育好 20% 的人口很重要,因为这 20% 的人是带动法国前进的火车头。就数学教育来说,英才教育可以很好地培养若干年后的高端数学人才,包括数学家、科学家、技术专家和工程专家,甚至"大家"或"大师"。这对于一个国家的科技发展是非常必要的,没有今天的英才数学教育就不会有若干年后国家科技的发展,在这方面我们是有过教训的。

即使到今天,我们的英才数学教育和世界上很多国家相比仍然是相对落后的。纵观目前世界上的科技强国,他们对数学英才教育都是非常重视的,如科技强大的美国,他们在高中就为那些对数学特别感兴趣或在数学上有特殊天赋的学生开设了AP 课程和 Honour 课程①。须知,我们今天看到的那些科技发达的国家并不是无本之木,持续多年的英才教育是其得以发展的重要原因之一。

(2) 如何进行英才数学教育? 对于数学英才的教育,显然不能只通过正常的数学教学,还应该通过特别的教师、特别的内容和特别的同学来实现。特别的教师是指让数学家来做数学英才的教师;特别的内容是指数学教学内容应该是难度更大的数学知识;特别的同学是指学习的同伴应该也是数学英才。为此,设立特别的英才学校应该是培养数学英才的最佳途径。

(3) 英才数学教育和平等的数学教育是否矛盾? 数学教育的平等性是根据学生在数学学习上的诸多特点出发,为学生创造合适的条件和充分的机会,使得每个学生都能在数学上达到最大程度的发展。对于学差生如此,对于数学英才也是如此。什么是数学英才? 所谓数学英才是指那些具有极高的数学智力并且对数学充满兴趣的学生(笔者并不认为数学英才比其他学生具有更高的智力,因为智力可以表现在很多方面,而数学英才只是具有很高数学智力的学生)。数学英才教育不过是使得这些数学英才在数学上能够达到最大程度的发展。为数学英才设置特别的数学课程,为他们聘请数学家来上课,组织他们参加特别的活动,这些都是在帮助他们能在数学上得到更高、更好的发展,这与帮助数学学差生将数学学得更好的一些措施尽管方式不同但是目的一致,实际上这些都只是在落实数学教育平等的原则而已。因此,英才教育数学与平等的数学教育是不矛盾的或者说是一致的。相反地,如果我们不实施数学英才教育,那才是真正的数学教育不平等。

第四节　数学教育机会不平等的视角之二:数学课堂

数学课堂是学生数学学习的主要场所,因此数学教育平等最重要的体现应该是数学课堂教学的平等。

进入不同学校的学生接受着不同的数学教育,那么进入同一所学校的学生就享受平等的数学教育吗? 答案是否定的,原因主要来源于两个方面:分班和课堂教学。

①　袁震东.教育公平与英才教育[J].数学教学,2003(7):封2.

一、分班

分班就是所谓的能力分组,分班的基本根据是学生自身的能力情况,为了进行更为有效的教学,就应该将所谓能力相当的学生分在同一个班级中。对于分班,美国学者汤姆林森做了比较多的研究,其影响也是较大的。汤姆林森认为,美国的学生具有多样化的特点,主要原因在于他们来自于不同的文化和具有不同的学习方式,这使得他们具有所谓的"学术多样性"(Academic Diversity)。其中,有的学生被鉴别为在学习上存在问题,有的学生被鉴别为在学习上特别优秀,有的学生其母语不是英语,有的学生由于各种原因成绩不良,还有的学生来自于不同的文化,等等。汤姆林森认为,为了与这种学术多样化相适应和满足所有学生的需要,教学应该从"一刀切"的方式(One-Size-Fits-All Instruction)转为"差别化的课堂"(Differentiated Classrooms)。他还提出,在差别化的课堂中可以使用如下的教学策略,如灵活的分组、对教学内容的多种处理方法、以学生为中心的教学以及用爱的眼光看待学生等。汤姆林森建议教师在差别化的课堂进行教学时,要通过两类学生的视角来看待课堂,一类是成绩不好的,一类是成绩很优秀的。他对比了针对这两类学生的教学情况:针对成绩不好的学生采用的是直接的教学,针对成绩很优秀的学生采用的是复杂的、开放的、非程序性的和高级的教学任务。最后,汤姆林森还将那些学生学习成绩不好的原因归结为其父母亲以及家庭环境[①]。从汤姆林森对能力分组的研究来看,他并没有认为学生的能力是天生的,而是受到家庭环境等影响,因此只要教师在教学中针对学生的具体特点研究教学方法,就一定可以取得很好的教学效果。例如,有些学生学习成绩不好是由于其学习习惯和学习方法上出了问题,因此教师在教学中应该注意使他们养成良好的学习习惯和形成科学的学习方法。

就我国的情况来看,进入小学和初中阶段学习,学生是不需要通过考试而可以直接就近入学的。进入学校后,学校要将他们分配到不同的班级中,尽管不同学校有不同的分班依据,但基本上都是以学生的成绩作为分班的重要参考。对于新入小学的一年级学生,面试成绩是重要的分班依据,而对于新入学的初一学生,小学毕业考试成绩则可能是分班的主要根据。从表面上看,能进入一年级哪个班学习与其家庭背景并没有关系,而是完全在于孩子的自身能力。但是,近几年的一些研究表明,儿童在幼儿时期,其认知能力与家庭背景有着很大的关系。所以,毫不奇怪,那些处于社会结构中较高层次家庭中的孩子,往往由于其在入学面试中有着较好的表现而分在更好的班级,接受更高质量的包括数学教育在内的教育。而更高

① Nicole A B. Breaking the Spell of Differentiated Instruction through Equity Pedagogy and Teacher Community[J],Culture Studies of Science Education,2016,11:335 - 347.

的教育质量,又使得那些孩子更有可能以更好的成绩完成小学阶段的学习,接着在进入初中时再次进入更好的班级和继续接受更好的数学教育。显然,这些孩子的中考成绩往往会比那些社会结构中处于下层家庭的孩子要好,从而确保了他们能够以更优异的成绩进入到高水平的高中和高水平的班级中接受更好的教育。而对于不同的班级,无论是小学、初中还是高中,学校配置的包括数学教师在内的任课教师的水平也是不同的。也就是说,不同班级的学生接受数学教育的机会是有区别的,特别是初中和高中,这种区别由于学校希望在中考和高考中取得更好的成绩而更加凸显。例如,在笔者所在的合肥地区,很多高中学校设立了实验班(或竞赛班或特长班)和普通班,这两类班级在教师的配给上是有很大区别的。就数学学科来说,担任实验班的教师一般是具有丰富的教学经验和较高职称的。由此可见,实验班的学生和普通班的学生接受的教育正是由于人力和物质资源的不同而不平等。

以上是从较为宏观的方面介绍了分班带来的数学教育上的不公平,而有一些学者则从较为微观的层面说明其所带来的公平,如班尼斯特就针对汤姆林森的一些认识,从多个方面提出了反对意见。例如,汤姆林森认为那些成绩不好的学生需要的是直接的教学和程序化的联系,而班尼斯特认为基于探究的教学方法对所有的学生都是有益的。再例如,汤姆林森认为学生的学习方式是不变的,而班尼斯特则认为并不是如此。

二、数学课堂

同一个数学课堂中的不同学生在数学教育上的机会是否平等?当说到数学教学中的平等问题时,通常涉及的一个概念是学生的"数学能力",即学生接受、发现和应用数学的能力。一般的观点是学生的数学能力是不相同的,也就是说对于同一个数学内容(如一个概念),有的学生在很短的时间内就理解了,而有的学生要花很长的时间才能掌握,有的学生能够很容易地利用所学的数学知识来解决问题,而有的学生就比较困难。根据这样的理解,严格来说,所有的数学课堂中的学生都是具备不同能力的,即都是异质性的。也就是说,无论什么样的数学课堂,都可以依据数学能力将学生分成上、中、下三个层次,学生和学生之间的数学能力各不相同,有时这种差别甚至是巨大的,即使是数学特长班亦是如此。根据这样的看法,有的学生自然就可以学好数学而有的学生就学不好。对于数学能力强的学生,应该让他们学适合他们能力的数学内容,包括更多的、更深的和更难的数学内容;相反地,对于数学能力弱的学生,则应该让他们学习具体的和简单的数学内容,所谓"让不同的人在数学上得到不同的发展"大概就是这个意思。

笔者在学生数学能力上持有的基本观点是:除极少数外,基本上所有的学生都具有大致相同的数学能力,在恰当的教学下都能够学好数学。我们经常听说的某个学生数学能力差或者说在数学上"笨",实际上大多是由于数学基础知识没有学好以及思维方式的不同而已。上文曾提到过日本的教育观念,他们认为每个学生都能够学好数学,只不过有的学生要比其他人付出更多的努力而已。对此,笔者深表同意,并进一步认为除了极少数的数学超常生和学差生外,绝大多数学生的数学能力并没有太大的差别,只有数学基础掌握得好与不好以及数学思维方式的差异而已。数学基础掌握得不好可以通过补差的方式来弥补,数学思维方式的不同可以通过调整教学方式来弥补。因此,对于数学课堂教学来说,教师应该坚信每个学生都能够学好数学,应该为数学教学建立一个更高的目标;对于数学教师来说,一方面要确保每个学生都能扎实地掌握数学基础知识和基本技能,另一方面要认真研究每个学生的思维方式,在教学中保持教学内容与不同学生的思维方式相适应。

决定数学课堂中的学生能否接受到平等的数学教育的因素主要有三个:

(1) 课堂学生规模。20 世纪 80 年代,一些研究者就已经得出小规模班级教学有助于学生学习成绩提高的结论,比较著名的研究是美国的格拉斯和史密斯在 1979 年和 1980 年发表的两篇论文,其中一篇论文强调了小班级教学中学生得到教师的个别指导会更多[①]。现在,许多发达国家每个班级容纳的学生数都是比较少的,如丹麦、法国、德国等国家的小学班级人数大多控制在 30 人以下。班级规模小不容易产生不平等的数学教育,但是如果班级规模过大,很难想象能够进行平等的数学教育。一个很简单的道理是,如果教师在教学活动中没有注意到某个学生的存在,那么他怎么会根据该学生的特点进行有针对性的帮助、指导和鼓励呢!

(2) 数学教师信念。由于数学教师信念与其数学课堂行为之间所具有的密切关系,因此,如果希望教师在数学课堂上施行平等的数学教学行为,那么这位教师必须要具有数学教育平等的信念。如果教师的教学信念是认为所有的学生都能够学好数学,那么他在教学过程中就会尽量地给每个学生提供平等的数学学习机会。反之,如果教师的教学信念是认为有的学生具有学好数学的潜质,而有的学生就不可能真正地学好数学,那么他在数学教学中就可能倾向被认为有潜质的学生,他会赋予这些学生更高的希望、做更多的课堂口头交流和尽可能提供数学学习的机会,而现有的研究认为这些对学生学业上的成功是至关重要的。当教师在内心认为(即信念)男性比女性更有学习数学的潜质时,在数学教学中他会更多地关注男生,会在和男生的交流中不自觉地表达对男生数学学习的更高期望。不少研究者发现,在数学课堂中教师往往和男生有更多的口头交流,即使教师本身是女性时也是如此。另外,即使女生取得了和男生同样的成绩,教师也会更多地鼓励男生而忽视女生。这些现象的发生与教师自身信念中对于男性数学优于女性是有关的。在很

---

① 陶青.国外级规模研究评述[J].辽宁教育研究,2008,9:98-101.

多教师的数学教学信念中,学生在数学学习能力上的差别是很正常的,即在数学课堂中总会有部分学生有较强的数学能力而有些学生是难以学好数学的。这样的信念会自然地导致教师在教学中更加注重那些他认定有较强数学能力的学生,而对于那些他认定没有数学潜能的学生是不会太关注的,因为花在这些学生身上太多的时间是教学中的浪费。因此,我们不难理解常常在数学课堂上出现如下情形:教师的提问总是指定少数的几个学生,让学生上黑板做题时总是让少数几个学生上来完成,在学生单独完成任务时教师总是只和少数的几个学生交流,甚至在批改作文时也只对少数学生的作业看得特别认真,等等,因为在教师的心目中这些学生比其他学生更为重要,更值得关注。国内有学者对于数学课堂中师生互动的公平性进行了调查研究,发现男生在课堂上被教师提问的次数多于女生,成绩良好和中等的学生被提问的次数最高,优秀学生被提问的次数次之,学差生被提问的次数最少。还有,坐在前排和中排的学生被提问的次数远大于后排的学生[①]。显然这些发现都可以从数学教师的信念上得到解释。

还有这样一种情况,即在相同年级的不同班级中,由于数学教师具有不同的教学信念,从而使得不同班级的学生接受不同的数学教育,或者说他们接受着不平等的数学教育。国外也有一些这方面的调查研究,在新西兰有三位学者调查了两位小学低年级的数学教师,他们所教授的数学课内容是一致的,但是这两位教师在教学中给学生的机会是完全不同的。第一位教师在教学中让学生分享他们的答案和解释,相互检查彼此的答案,相互展示彼此的思维过程,理解其他同学对答案的解释和思维过程并且设法让其他同学理解自己对答案的解释和思维过程。而另一位教师在教学中强调学生跟上自己的教学,运用现有的方法解答习题,而学生很少有机会解释他们的思维或听取同学对于他们思维的解释[②]。显然,这两个班级学生所受到的不平等的数学教育在很大程度上是由于他们教师具有不同的数学教学信念所致。

(3) 数学教师的教学能力。由于平等的数学教育并不是意味着在数学教学中给所有的学生完全一致的对待,如提问同样的数学问题,而是要根据学生的自身特点(如性格和思维特点)给予有针对性的教学,最后使得几乎所有的学生在数学上取得同样的成就。因而研究不同学生的特点并进行针对性的教学(也就是因材施教)就显得非常重要。而这样做显然对教师的教学工作提出了更高的要求,但这也应该是高水平数学教学的应有之意。现实中教师在数学教学中的表现往往却是一种歪曲的"因材施教",即他们与不同成绩的学生之间有着不同的互动形式:在与数学成绩较好的学生互动时,教师往往采用的是民主的、肯定的并且在相当程度上考

① 李英. 数学课堂师生互动公平性调查研究[J]. 数学学习与研究,2011,93:50-52.

② Sandi L,Tait-McCutcheon,Judith L. Examining Equity of Opportunities for Learning Mathematics through Positioning Theory[J]. Mathematics Education Research Journal,2016(28):327-348.

虑学生个性特点的方式；而在与数学成绩较差的学生交流时，教师更倾向于采用专制的、否定的和控制的方式，并且较少地给这些学生充分的思考时间和表达的机会[①]。这种做法虽然能够有效地促进成绩好的学生在数学上更好地发展，但也会导致成绩差的学生成绩越来越差。

在数学教育领域有两个针对特殊学生群体的词，即数学超常生和数学学差生。数学超常生是指在数学上具有特别天资的学生，也可以称为数学天才生。数学超常生一般来说具有对数学特别浓厚的兴趣和具有超乎异常的数学接受能力。与数学超常生相对的则是数学学差生。无论是数学超常生还是数学学差生，他们在实际的数学课堂中都是非常少见的，但又是确实存在的。虽然在一般的数学课堂中，数学超常生和学差生是一种极个别的存在，在大多数班级中甚至不会出现，但对于数学超常生和学差生的关注显然涉及到了数学教育的公平性。

数学超常生的存在对于一个国家甚至整个世界的社会发展和科技进步都具有重要的意义，今天的数学超常生极有可能就是明天的大数学家或将会在与数学相关的领域做出突出贡献的大科学家。我们知道有许多领域是与数学有很大关系的，如计算机、自然科学以及经济学等，"极有可能"的意思是未必能够实现，而实现的前提条件就是数学超常生能够得到很好的培养。但遗憾的是，由于在很多国家缺乏培养数学超常生的机制，因而这种很罕见的数学人才往往由于得不到很好的培养而最终归于平凡，这种人才的浪费是令人心痛的。要使得数学超常生顺利地发展，必然要做到两件事，第一是数学超常生的识别，第二是给数学超常生合适的培养，这两件事情对于中小学数学教师来说都是很困难的。数学超常生并不等于数学成绩优秀生，二者不是一个概念。数学超常生不一定在考试中能取得特别优异的成绩，而那些数学考试成绩特别好的学生不见得就是数学超常生。数学超常生一般来说对于数学具有更大的敏感性和在面临数学任务时具有更大的创造性。因此，识别数学超常生对于数学教师来说并不是件简单的事。至于培养数学超常生，对于一般的中小学数学教师来说更是一件难以完成的工作。笔者认为，对于数学超常生的培养可以将一般的数学课堂教学与校外的数学辅导结合起来。实际上，这也是不少国家采用的培养数学超常生的方法。例如，日本和美国的一些中小学校都采用了请大学数学教师在课堂外给数学超常生上课的办法。但如果将数学超常生放在普通的数学课堂中学习数学，将他们视作一般的学生而没有进行针对性的教学，那么对于这些数学超常生来说就是一种不平等。数学学差生的教育其实和数学超常生的教育类似，除了在课堂上对他们进行有针对性的教学帮助外，更重要的是将课堂教学和课外教育相结合（即国外所谓的 After-School Program）。

除了考虑到不同的数学成绩，教师还应该注意到学生不同的家庭背景、民族以

---

① 许章永. 高中数学课堂教学的公平性策略[J]. 数学学习与研究，2010，13：126.

图 6.3　美国格威内特数学科学技术高中(数学超常生的家园)

及性格特征等,这些都可能影响到数学教学中的公平。研究表明,在很多国家有许多学生如贫穷家庭出身的、残疾的、少数民族的以及女性成为在数学上被低期望的牺牲品,而这种低期望往往造成真实的低成绩。鲁宾斯基的调查发现,高社会经济地位家庭(SES)的孩子在解决数学问题时相对来说比低社会经济地位家庭的孩子有更高的信心,并且前者也确实在解决数学问题上比后者有更好的表现①。研究表明,SES 是学生学术表现的一个强有力的指示剂,数学成绩上的差异在很大程度上是由社会不平等所致。来自于社会和经济上处于劣势的家庭中的孩子往往比中产和上层家庭中的孩子有较差的表现,有着被排除在 STEM 相关领域学习和职业的危险②。因此,NCTM 强调,教师应该用言语和行动向所有的学生表明对他们在数学上的高期望③。在我国的数学教学研究中,涉及女性、少数民族和残疾人的研究是非常少的,而在国际数学教学研究领域中,这些方面的研究结果相对来说是比较多的。这也说明了这样的一个事实,即我们的数学教学研究者对于数学教学的公平性问题没有给予充分的重视。

对于绝大多数(超过 90%)的学生来说,其总体的数学能力都是相差无几的,他们相差的往往是数学思维方式以及数学基础的准备,而绝不是总体数学能力上的差异。正是由于这些差别以及性格特征的不同,教师在教学中应该考虑到这些非总体数学能力上的差别,进行公平性的教学。可以想象在一个有着各种差别的

① Lubienski S T. Problem Solving as a Means Toward Mathematics for All: An Exploratory Look Through a Class Lens[J]. Journal for Research in Mathematics ,2000,31(4):454 – 482.

② Andreas O K,Maria M-M,Theodosia P. Mobile Technologies in the Service of Students' Learning of Mathematics: the Example of Game Application A. L. E. X. in the Context of a Primary School in Cyprus[J]. Mathematics Education Rescarch Journal ,2016, 28: 53-78.

③ NCTM. Principles and Standards for School Mathematics [EB/OL]. http://www. nctm. org/Standards-and-Positions/Principles-and-Standards/ ,[2016-6-6].

班级里进行公平性数学教学并非易事,教师应该根据班级的情况探索可行的教学方法。目前有一些学者也提出了一些比较可行的教学策略,比较有影响的是斯坦福大学的科恩和罗腾提出的综合教学(Complex Instruction)。在综合教学的实施过程中,主要应注意以下两点:

(1) 多重能力策略(Multiple Ability Strategy)。多重能力策略是指每个学生不论其个体情况如何都能参加到学习活动中。在数学教学中,小组合作是一种重要的学习方式,目的在于促进每个学生在小组中的活动。为此,小组活动的数学任务应该是涉及多种能力,如仔细的度量、预测、寻找模式以及解释结果等。教师在任务开始之前要告诉学生该任务要涉及多种能力,每个学生都有这些能力的一部分,而每个学生在解决该任务中都是很重要的,等等。因此,在多重能力策略中任务的设计是关键。一般来说,多重能力策略的任务应该满足:聚焦于有特点的思想;有多种解决的途径或多重表征;解决任务所使用的资源不是个人特有的,包括信息、解决问题的策略、技能和材料等。

(2) 能力分派(Assigning Competence)。能力分派的主要目的是促使低层次学生的参与,从而改变其他学生对该学生的能力预期。在能力分派中,教师不是简单地对某个学生进行简短的表扬,而是肯定其能力并让该学生在小组活动中担任相关的角色。

通过多重能力策略和能力分派,教师有可能会打破数学课堂中存在的能力层次与数学活动的关系,使得不同层次的学生都会参加到活动中,从而实现数学学习活动的公平性[1]。虽然综合教学以及类似的教学方法能够给数学教师以启示,但就笔者看来,在教学中为了追求更好的公平性,教师应该根据学生的特点和教学内容来运用各种可行的方法进行教学。

在数学课堂教学中,教师要深刻认识到每个学生在数学学习上都是平等的,要平等而不是公平,公平是指对每个人都一视同仁,平等是指教师根据每个学生的情况不同进行有针对性的教学,为每个学生的学习创造最合适的环境,能够为每个学生提供数学学习的机会,最终使得每个学生(除了超常生和学差生)都能达到较高的水平,而不是将学生想当然地分成三六九等,并让他们完成不同水平的任务,提出不同层次的达标要求。正如 NCTM 在其"平等原则"中所说的那样:"所有的学生,无论他们的个性特征、家庭背景或者身体状况,都应该有机会被支持学习数学",而这并不意味着每一个学生都会被同样对待。但所有的学生在他们在学校的每一年中都应该能够进入到连贯的和有挑战性的数学课程中,这些课程是由有能

---

① Cohen E G,Lotan R A,et al. Complex Instruction:Equity in Cooperative Learning Classrooms[J]. Theory into Practice,1999,38(2):80-86.

力的和被很好支持的数学教师教授的①。因此在数学教学中，我们要追求平等而不是公平，因为公平就意味着不平等。

第五节　不同理论视角下的数学教学不平等

功能主义理论和冲突理论对于教育的不平等有过很多的论述，但并没有涉及数学教学的不平等，本节主要从功能主义理论和冲突理论的立场出发来探讨数学教学的不平等问题。

一、功能主义理论视角下的数学教学不平等

功能主义理论认为，数学教育的不平等是不可避免的，也是合理的。该理论认为，学校的主要功能是根据个体的能力水平对其进行培养、分类和选择以适合个体的等级地位，而这是建立在个体个人优势基础上的理性过程，因此最终决定职业地位的选择过程是从学校就开始了。也就是说，学校课堂教学实际上是在为学生将来的工作做准备。由于在社会的各种职业中所需要的数学知识是不同的，例如，数学家所需要的数学知识和售货员所应该具有的数学知识是有很大差别的，因此在学校教育中，有的人就应该学习更多更深的数学知识，而有的人只要掌握基础的数学知识。例如，将来的数学家应该学习更多更深的数学，而将来的售货员则只需要掌握基础的数学知识就可以了。换句话说，数学教育的不平等是完全合理的。这样，学生在学校学习不一样的数学，将来在社会上从事不一样的职业，这些不同的职业都是不可缺少的，各种不同的职业构成了和谐的社会。不可能所有的人都能成为数学家，也不可能所有的人都去做售货员。不同的职业是有不同程度需要的，不同的数学教育也是合理的。如果每个人都通过学习具有了数学家所具有的数学知识，那么谁去做售货员？正如著名的功能主义理论家帕森斯所说的那样，问题不是"不平等是否有必要存在"，而是"多大程度的不平等是合理的"。

功能主义理论认为，学生在学校受到不平等的数学教育与家庭、种族或性别没有关系，而与学生自身在数学上的表现有关。

功能主义理论对于数学教学平等性的观念显然是值得商榷的。该理论中关于"学生所接受的数学教育与家庭和性别等没有关系而只与学生自身表现有关"的看法是与现有的研究相背离的，是一种理想化的幼稚表现。显然，在这种思想下，我

---

① NCTM. Principles and Standards for School Mathematics［EB/OL］. http://www.nctm.org/Standards-and-Positions/Principles-and-Standards/，［2016-6-6］.

们就得接受这样的做法：不同的学生应该学习不同的数学知识，不同的学生应该在数学领域上得到不同的发展，有的人就应该学习科学家所需要的数学知识，而有的人就应该学习清洁工所需要的数学知识。对于这些，我们是很难接受的。

二、冲突理论视角下的数学教学不平等

根据冲突理论的观点，数学教育中的不平等实际上是社会不平等的反映。由于教育是社会结构、权力等再生产的工具，就数学教育来说，它实际上是从一个侧面反映了社会的不平等。城市和农村中小学数学教育的不平等在一定程度上反映了城市与农村的不平等，城市不同学校数学教育的不平等在一定程度上反映了不同社会阶层之间的不平等。数学课堂教学中男生和女生在数学教育上的不平等在一定程度上反映了男女性别之间的不平等。冲突理论认为，要想解决数学教育的不平等，只有彻底解决城乡之间、社会阶层之间和男女性别之间的不平等，否则这种不平等就会继续下去。

根据冲突理论的观点，当前要求施行平等的数学教育实际上是那些处于社会底层的群体以此想获得更大权力的反映。例如，要求农村和城市学校施行包括数学教育在内的教育平等，实际上反映了农村居民要求和城市居民有平等权力的呼吁。

冲突理论强调，只有解决社会上的不平等才能解决数学教育教学中的不平等，这样的观点是具有一定合理性的。因此，作为数学教育工作者，我们应该认识到数学教学中不平等的根源来自于社会上的不平等，但这并不意味着我们就只能被动地接受这种不平等，而应该通过自身的努力来建立一个平等的数学教学课堂。笔者相信，平等的数学课堂、平等的语文课堂、平等的科学课堂等各种平等课堂的建立会反过来促进大社会平等的早日形成。

第七章　数学课堂中的社会互动:师生互动

本章主要探讨数学课堂中教师和学生之间的互动,下一章涉及的是数学课堂中学生之间的互动。很显然,无论是教师与学生的互动还是学生之间的互动都是数学课堂中教学活动的一部分,它们是不可分的,这里将它们分成两章进行探讨完全是为了研究的方便。无论是本章的师生互动还是下一章的生生互动,目的都是为了学生能够更好地学习数学,不仅如此,良好的师生互动对数学教师的专业发展也具有积极的意义[①]。不论是新教师还是富有经验的老教师,他们在专业发展中所遇到的问题或困难都涉及与学生在课堂上的互动。正是在解决这些问题的过程中,他们逐步得以职业、成熟。与学生的良好互动不仅使得教师形成了与学生互动的能力,也使得教师产生职业满足感和进一步努力工作的动机。

第一节　数学课堂中社会互动的概述

社会互动(Social Interaction)本身就是社会学研究中的重要课题。一般来说,对社会互动的研究基础主要是米德的符号互动论,而其他的社会互动理论如拟剧论、本土方法论和会话分析等,则是进一步阐述和拓展了符合互动论。

社会互动是人类存在的主要部分,它是指人们以相互的或交换的方式对别人采取行动,或者对别人的行动做出回应。社会互动是人与人之间的相互作用,而不是一个人的行为。按照米德的观点,社会互动中的个人行动是指某个人在特定情境下的全部反应,它不仅包括人们的实际行为,还包括他们对环境中特定事物和人的注意,以及他们对这些事物和人的感觉和想法。根据米德的观点,在课堂中的社会互动除了人和人之间的直接关系外,还应该包括个体对课堂中物的感觉和想法。具体到数学课堂中,社会互动还应该包括学生和教师对教科书内容的感觉和想法,也应该包括学生和教师对课堂中数学教学技术的感觉和想法。

根据以上对社会互动的界定,笔者拟对数学课堂中的社会互动进行这样的刻

---

① Doyle W. Handbook of Research on Teaching[M]. 3rd ed. New York: Macmillan, 1986.

画：课堂中的成员（包括教师和学生）以相互的或交换的方式对其他成员采取基于数学内容的行动，或者对其他成员基于数学内容的行动做出回应。这里有几点需要说明：第一，数学课堂中社会互动的双方不仅可以是教师和学生，也可以是任何学生而不论其家庭背景和自身的数学能力，特别是那些数学学差生也同样是数学课堂中社会互动的参与者。这一点说明了数学课堂教学中社会活动的对象。第二，数学课堂中成员之间的社会互动既可以是直接的相互作用，如教师进行课堂提问时与回答问题的学生之间的对话和两个学生之间的数学讨论；也可以是以某种特别交换的方式，如教师向全班学生进行某个数学问题的讲解。这一点说明了数学课堂教学中社会互动的形式。第三，数学课堂中的社会互动是数学教学活动中的师生行为，互动的目的是为了数学教学，因而社会互动是基于数学内容的。也就是说，数学课堂中的社会互动是以完成数学教学目标为目的的活动。这一点说明了数学课堂中社会活动的目的。第四，尽管界定中互动的双方即教师和学生似乎是完全平等的，但由于教师在数学课堂中的主导作用，因此，在师生互动中教师仍然是具有主导作用的。

从数学课堂中的社会互动出发，笔者还可以给出一个数学课堂教学的社会学定义：数学课堂教学是由一个个数学活动组成，每个数学活动都是为了完成某个数学任务而设计，并由教师和学生之间的社会互动所形成。根据该定义，数学课堂教学实际上就是教师和学生为了完成教学任务而进行的社会互动，而在社会互动中教师和学生之间密切配合，彼此之间是不可分离的。社会互动行为包括教和学，教是指活动中教师的行为，学是指活动中学生的行为。由于教师的行为和学生的行为不可分割，因而笔者认为不应该将教学法分成教法和学法，而使用教学法一词才最能反映教师和学生之间互动的不可分离性。

在数学课堂的师生互动中，教师的行为必然会影响到与之互动的学生行为，相反地，学生的行为也会影响到教师的行为，因此任何一个师生互动都不会完全是事先可以确定的。另外也可以看出，师生之间的任何一个交流既是由行为构成也确定了其中的行为[①]。进一步地分析师生互动，它包括两个方面：其一是互动的内容；其二是互动的形式。同样的内容可以有不同的形式，同样的形式也可以用于不同的内容。如果我们要刻画某个时间点或时间段上的师生互动，可以从这两个方面来开展。

数学课堂中成员之间的互动之所以能够顺利地开展，源自于互动的双方能够清楚地认识到对方说话的意图和动机。首先，在数学教学课堂上，每个成员根据和其他成员长期在一起开展数学活动的经验来理解他人的行为。例如，教师在黑板

---

① Fisher D L, Rickards T. Teacher-Student Interpersonal Behavior as Perceived by Science Teachers and Their Students[C]. The 2nd International Conference on Science, Mathematics and Technology Education, 1999.

上展示了一道数学题后,然后看着全班同学。根据经验,学生们都知道在几分钟后,教师会请同学回答该问题,所以便积极思考准备回答。如果这道数学题包括几个小的问题,那么根据经验,第一个或第二个问题通常是比较简单的,教师会请成绩不是很好的学生回答,而后面的问题通常是比较困难的,教师会请成绩较好的学生回答。因此,那些成绩不是太好的学生会重点准备前面的小问题,而成绩好的学生会积极准备后面的难题。再例如,两个学生正在讨论一道数学题的解法。根据以往讨论数学题解法的经验,甲同学知道乙同学一定会先反复看题目然后进行思考,而乙同学知道甲同学一定是先画个图。其次,由于在数学课堂中所有的成员都使用着同样的语言,即数学教学语言(数学语言加上教学语言),因而成员之间在语言上是没有障碍的。最后,正如在前文数学课堂文化中所说的那样,由于数学课堂文化的存在,因而课堂中所有的成员都会遵守共同的规范,这也在很大程度上使得成员之间的互动得以顺利地进行。

布鲁默是米德的学生,他总结了符号互动论的三条基本原理:第一,我们依据我们对事物所赋予的意义对其采取行动;第二,我们所赋予的事物的意义源于社会互动;第三,在任何情况下,为了赋予某种情境以意义,我们都要经历一个内在的阐释过程,即我们"与我们自己交流"[①]。在数学课堂中,成员之间的社会互动也体现了以上的三条基本原理。可以想象一下,在每节数学课堂中都可能会发生的情景:教师在黑板上写出一道数学题让学生完成,学生拿出纸笔准备解答。无论是教师还是学生,对于这道数学题的行动都是基于他们所赋予这道题的意义,即这道数学题的意思是什么,这种意义是教师和所有的学生所共享的(互动论的第一原理)。他们之所以知道这道数学题的意义,是由于他们以前在数学课堂中社会互动的结果(互动论的第二原理)。现在,假定学生不能解决这一问题,教师需要对这种新的情境进行阐释,赋予它某种意义,并且决定怎样行动(互动论的第三原理)。教师会自问:"学生为什么不能解决该问题? 如何启发学生的思维? 如何为学生建立"脚手架?"通过考察更多的数学课堂教学中的社会互动,可以发现符合互动论的三条基本原理也完全适合数学课堂教学中的社会互动。因此,基于社会互动论的三条基本原理,我们可以建立数学课堂教学中社会互动的三条基本原理:第一,我们依据对数学对象(数学问题、数学情境等)所赋予的意义而对其采取行动;第二,我们所赋予的数学对象的意义来源于数学教学中的社会互动;第三,在任何情况下,为了赋予某种数学教学情境以意义,并决定怎样采取行动,我们都要经历一个内在的阐释过程,即我们"与自己交流"。

本章的以下三节内容将聚焦于数学课堂中教师与学生之间的社会互动,并按照时间顺序划分为数学教师在课前、课中和课后与学生的互动。尽管课前和课后

---

① 波普诺. 社会学[M]. 10 版. 李强,译. 北京:中国人民大学出版社,1999.

的师生互动与本书探讨的内容有差别，但由于它们与数学课堂教学有着密切的关系，因而值得探讨。

第二节　师生互动之数学课前互动

在数学课堂教学之前，师生之间有互动产生吗？似乎没有。因为在课堂教学之前，教师和学生是在不同的物理空间中。教师可能是在教师办公室，而学生可能是放学在家。此时，教师和学生之间进行面对面的互动自然是不可能的（但如果利用现代移动通信技术则是另外一回事）。不过，社会学家研究社会互动并不完全是指互动的双方面对面进行互动，当个体独自一人时，可以根据以往的经验和对其他人的了解，通过想象进行互动。另外，个体除了和他人互动外，还会和自己互动。个体可以和自己交流，与一个内在的"自己"交流，就像与其他人交流一样。米德认为，个体与自己交流的过程是人类意识中最重要的、独一无二的特征。下文将主要探讨教师的这种课堂教学前想象式的互动和自我交流对于数学教学的重要性。

为了上好一节数学课，教师需要在课前进行教学设计或备课。完整的教学设计包括设定教学目标，确定教学重难点内容，明确使用的教学方法以及教学过程。教学过程涉及实际教学的各个环节，就新授课来说，大致包括通过情境设置得出新概念和新原理以及理解新内容。在设计教学过程中，教师的身边是教科书和相关的教学资料，而头脑中则始终在通过想象与学生互动以及和自己交流，后者在最大程度上保证教学过程的可行性。诚然，数学教学设计确实是一种预设，但如果没有教师在设计过程中与学生的想象性互动以及自我交流，那么这种预设就有可能与实际的教学相差太远。实际上，教师的教学预设中包含着生成。也就是说，课堂生成也包含在教师的教学预设内，只不过教师不能给出生成的准确内容。正是因为教师与学生的想象性互动和自我交流，使得教学设计与教学实际更加吻合。在现实的数学教学中，有经验的教师的教学设计与教学实际相差甚微，而有些教师的教学设计与教学实践会有很大的差距，这主要因为前者在教学设计的过程中能够进行很好的、与学生想象性的互动和自我交流，而后者则在这方面有很大的欠缺。当教师设计出一个教学情境时，他想象着学生的反应，根据他对学生的了解，他会想象到有的学生对于情境本身不理解从而不能抽象出本节课所要研究的问题。这时，教师会和头脑中的自己进行交流，会向"自己"提问："是否应该对这个情境进行修改，或重新设置一个更为合适的情境？"当教师设计出一个例题时，他会想象着学生的反应，根据对学生的认知水平的了解和以往学习本节课的经验，他会想象出有哪些学生能够运用所学的知识很快地解决问题，也能想象出哪些学生感到解决该题是困难的。对于后者,教师会向"自己"提问:"做不出该题的原因是什么?"头脑中的"自己"会告诉他原因是学生对该题所涉及的一些基础知识掌握不牢固,不能很好地将新学的知识加以正确的运用。进一步地,教师会向"自己"提问:"如何帮助这些学生解决问题?"头脑中的"自己"又会进一步地告诉他应该如何启发和引导不同的学生解决该问题。当教师在设计一个面向全班提问的问题时,他会想象哪些学生能够很好地回答问题,哪些学生不能够回答。他会和自己进行这样的交流,即问自己"当我向那些不能回答的学生提问时,我应该以什么方式提问?""当学生不能回答时,我应该如何启发?""当我向那些能够回答的学生提问时,我应该补充一个什么样的后续问题以使得该学生进行深入的思考?"等问题。

由上可知,在课前也就是教师在教学设计中不能缺少与学生的想象性互动以及与自身的互动,也就是说,教师完整的教学设计能力中应该包括与学生的想象性互动以及与自身的互动。那么,教师能够进行有效的与学生的想象性互动以及与自身的互动需要什么样的条件? 第一,教师要给数学教学设计以充分的重视,要认识到数学教学设计是上好数学课的重要前提,没有对数学活动的精心准备是难以上好数学课的。有一些教师认为,由于数学教学设计只是一种预设,因而不需要做太充分的准备,这种想法是错误的。因为数学教学设计的预设不是没有根据的胡编乱造,而是建立在充分根据基础上的合理预设。一个好的数学教学设计往往与实际的数学教学是非常贴近的,"闭门造车"一样可以"出门合辙"。第二,教师应该深入了解学生,了解学生的数学能力水平和性格特点,只有这样才能准确地想象出不同的学生对于教学任务的反应,从而进一步设计出相应的、有针对性的教学策略。第三,教师的教学经验在其中起着非常重要的作用。有着丰富经验的教师根据自己的经验可以想象出非常接近实际的互动,因而所进行的设计也就非常接近于实际的教学。第四,教师愿意花更多的时间和精力进行深度备课。从前面的分析可以看出,教学设计时教师通过与学生的想象性互动和与自身的互动要比简单的教学设计花费更多的时间和精力,但这种设计更有质量,更有助于实际的数学课堂教学,因而是非常值得的。

第三节　师生互动之数学课堂互动

无论是家庭、社区还是国家,成员之间的有效互动都是其发展的重要条件和保证。对于数学课堂来说,情况也是类似的。数学课堂中师生的有效互动具有重要的意义,它能够直接确保数学教学的顺利、流畅的实施,也能够确保学生在数学上得到最大程度的发展。数学教学的失败和学生在数学学习上的失败,在很大程度上可以从师生互动中找到原因。对于数学课堂中师生互动的作用,国内外都有不少的探讨。例如,国内有学者认为,有效的课堂师生互动具有积极的情感互动氛围、丰富高效的课堂组织策略和基于思维能力锻炼的教学引导等特点[1]。实际上,师生互动也是确保数学教学顺利完成的必要条件。例如,当前的数学教学目标强调教师要给学生提出富有挑战性的任务,因为这是培养学生数学能力的重要方面。在富有挑战性任务的实施过程中,教师和学生的互动就显得非常重要。沙利文等人描述了在该过程中教师的行为,包括向学生强调任务的性质、促使学生从错误中学习的可能性、鼓励学生在遇到困难时坚持不懈、邀请学生主动解释他们对问题的思考、给学生充分的时间、特别是在反思阶段,以及让学生将当前的任务与他们的经历相联系[2]。显然,教师施加给学生的这些行为对于学生能够顺利完成挑战性的任务是至关重要的。

在数学教学中,学生与学生之间的互动对于他们的数学学习也是非常有帮助的。但是,在很多情况下,如果在学生与学生的互动中有教师的介入和参与,往往会使得互动收到更好的效果,即学生对于互动中所涉及的数学知识有更深刻的理解,显然这是因为教师在其中起到了引导的作用。纽黑仁伯格等人在其研究中探讨了两个小学生在解决"8 是由哪两个数相加得到的"任务中所进行的互动以及教师加入后所进行的互动,表明教师介入学生互动产生了积极作用[3]。

关于课堂中师生的互动特别是语言上的互动的最有影响的研究大约开始于20 世纪 90 年代。1988 年,卡兹登提出了著名的 IRE(即 Initiation-Response-Evaluation,可翻译成启动—反应—评价)师生互动模式,简单地说,教师首先提出一个问题(Initiation),学生回答教师的问题(Response),最后教师对于学生的回答进行评价(Evaluation)[4]。在数学课堂教学中,该模式也会有一定的作用,但它所描述的师生互动往往只能是最简单的、针对程序型或记忆型任务的互动,鉴于现代的数学教学更强调数学理解和思维以及问题解决,因而该模式对于数学课堂中的师生互动来说过于简单了。实际上,我们可以将 IRE 互动模式进行修改,进而产生一些新的模式。例如,根据现代数学教学的特点,我们可以将 IRE 模式进行扩展将之变成 ISRE,即增加了一个解决问题(Solving),也就是教师提出一个问题,学

---

① 孟凡玉,陈佑清. 小学数学课堂师生互动质量的观察与评价:基于"课堂师生互动评估系统(CLASS)"的实证研究[J]. 基础教育,2015,12(5):69 - 77.

② Sullivan P, Cheeseman J, et al. Challenging Mathematics Tasks: What They Are and How to Use Them[M]. Victoria: Mathematical Association of Victoria,2011.

③ Marcus N,Heinz S. Forms of Mathematical Interaction in Different Social Settings: Examples from Students', Teachers' and Teacher-students' Communication about Mathematics[J]. Journal of Mathematics Teacher Education,2009,12:111 - 132.

④ Cazden C B. Classroom Discourse: The Language of Teaching and Learning [M]. London: Heinemann,1988.

生通过独立思考或合作学习将问题解决,然后回答教师的问题,教师对学生的回答进行评价。也可以将该模式进一步扩展成 ISERE,即再增加一个启发(Enlightening),即教师提出一个问题,学生努力去解决该问题,教师在此时根据学生解决问题的情况进行适当的启发,学生在教师的启发和自身的努力下解决了该问题,然后学生回答问题,最后教师对学生的回答进行评价。显然,无论是 ISRE还是 ISERE,都是建立在 IRE 模式的基础上来考虑数学教学的实际情况的。伍德等人在 IRE 互动模式的基础上提出了四种不同的课堂文化,反映了不同的师生互动,它们分别是传统的教科书文化(Conventional Textbook Culture)、传统的问题解决文化(Conventional Problem-Solving Culture)、策略报告课堂文化(Strategy-Reporting Classroom Culture)以及探究/争论的课堂文化(Enquiry/Argument Classroom Culture)。在传统的教科书文化中,师生互动的主要模式是 IRE。在传统的问题解决文化中,师生互动的主要模式是教师给出暗示。在策略报告课堂文化中,学生报告他们解决问题的策略。在探究/争论的课堂文化中,所给问题需要被进一步的澄清、挑战和争论,目的是为了对学生的辩护和评价进行训练,从而培养他们更有力的辩论和推理能力[①]。显然,伍德等人研究的课堂中的师生互动更为详细,更重要的是它突出了现代数学教学的理念,因此与 IRE 相比较,四种不同文化的提出是一个很大的进步。

在数学课堂中,教师和学生面对面地共存于数学课堂这个小的空间中。我们在此要探讨如下两个问题:

(1)促使教师和学生在数学课堂中互动的原因。数学课堂是一个很小的社会,对数学课堂的社会研究可以借鉴微观社会学研究中的一些观点。在微观社会学中有一个理论称为交换理论,主要研究小社会中人与人之间互动所依赖的交换关系。社会学家霍夫曼认为,在人们彼此交往的背后,自我利益是一种普遍具有的动机[②]。也就是说,人与人之间进行交往是为了在交往中得到自我利益,那种不能得到任何自我利益的交往互动是难以为继的。霍夫曼观点中的自我收益是一种净收益,即在交往中所获得的利益必须减去成本。按照交换论的观点,人类生活中的许多方面都可以还原为某种关于酬赏与成本的计算。需要注意的是,这里通过交换所获得的酬赏不一定是有形的,许多情况下是一种情感的回报。交换论的观点也受到了不少的批评,即使在社会学内部,也有许多批评意见。也许不是所有的社会交往都可以用交换理论来解释,但毋庸置疑,该理论在解释人人互动中确实起到了很大的作用。

(2)促使教师在数学课堂中持续地和学生互动的原因。当然,数学教师受聘

---

① Wood T,Williams G,McNeal B. Children's Mathematical Thinking in Different Classroom Cultures [J]. Journal for Research in Mathematics Education,2006,37(3):222 - 255.

② 波普诺. 社会学[M]. 10 版. 李强,译. 北京:中国人民大学出版社,1999.

于政府或民间教育机构，享受着不菲的薪酬。也就是说，在数学课堂教学中，教师与学生之间进行互动有着政府或民间教育机构支付的报酬作为收益，教师认真教学是获得报酬的条件。但如果只是简单地这样理解教师与学生的课堂互动未免过于单一了，因为这只是其中的一个条件。实际上，促使教师与学生持续进行互动的原因还有通过互动教师从学生那里所得到的收益，这种收益主要体现于学生在数学上得到发展，这是一个情感上的回报。教师通过与学生的社会交流，使得学生学会了数学知识、形成了一定的数学能力以及在情感、态度和价值观等方面都有了发展，教师感到自己的努力有了回报，这种感情上的满足正是促进教师持续地和学生进行互动的重要原因。

在实际的数学课堂活动中，教师与有些学生交流得更多而与另一些学生交流得较少，甚至与有些学生几乎没有单独的交流。这种现象如何用交换理论来解释？教师如果与那些成绩好的学生有更多的交流而与成绩差的学生交流较少的话，那么他一定是认为与成绩好的学生交流能够带来更大的收益，而与成绩差的学生交流可能不会带来什么收益。因为教师的内心可能会认为，那些数学成绩好的学生在数学上会有更大的发展，与他们的交流会促进他们在数学上的发展，因此这样的交流是值得的。反之，对于那些被教师认定为在数学上"笨"的学生，和他们的交流也不会让他们把数学学好，因而和他们的社会互动是不会给自己带来收益的。还有另外一种现象，即教师与那些成绩差的学生有更多的交流，而与那些数学成绩好的学生反而没有交流或交流要少一些，这样的现象实际上也可以用交换理论来解释。这些教师可能会认为，如果通过和那些数学成绩差的学生进行更多交流，使得这些学生在数学上取得好的成绩，虽然交流的过程比较"痛苦"，但是净收益会更大。教师通过自己的努力让一个数学学差生成为数学尖子生，这带给他的将是一种极大的职业上的满足。相反地，教师会认为与数学成绩好的学生进行交流，尽管过程要相对容易，但是净收益小，因而不值得花更多的时间和精力。

由上可见，交换理论可以在一定程度上说明教师在数学课堂上和学生进行社会互动的原因，但是只用交换理论来解释仍然有过简之嫌，数学教师的职业道德在促进其与学生之间的互动上显然扮演着一个重要的角色。今天，数学教师最基本的职业道德包括尽力让每个学生学好数学。由于数学教学中的社会互动对于学生数学学习的重要性，因此在数学教学中，教师应该尽可能多地与不同的学生互动以促进不同层次学生的数学发展。与一部分学生少互动或不互动，意味着教师在教学中对这些学生的忽视，而忽视学生的数学学习显然有违于数学教师的职业道德。为了不违背自己的职业道德，换句话说，为了对得起自己的良心，数学教师就必须持续地、尽可能地与不同的学生进行社会互动。

数学课堂上教师与学生之间的互动目的是为了学生更好地学习数学，由于数学学习是以培养学生的数学思维能力为核心，因而教师与学生在课堂上的互动的核心作用在于促进学生的数学思维,互动为学生提供进行数学思维的机会,互动也为教师了解学生数学思维提供了机会。因此,师生之间的互动不只是为了数学课堂气氛的活跃,当然活跃的课堂气氛对于学生的数学学习也是有积极意义的,师生互动更重要的作用是促进学生的数学思维。为此,我们可以将教师与学生之间的互动区分为实质性互动和非实质性互动。实质性互动是指教师通过与学生的互动促进了学生的数学思维。非实质性互动是指教师与学生的互动并不能够促进学生的数学思维。如果在数学课堂上教师向学生提出的是记忆型或程序型问题,那么他们之间的互动就是一种非实质性的互动。如果教师向学生提出的是开放型问题,那么他们之间的互动就是一种实质性的互动。通过以上的分析,我们不难得到这样的结论:在数学课堂上教师给学生所提出的问题主要应该是实质性的,非实质性的提问只能占少部分。但在实际的数学课堂中,情况并非如此。有调查发现,在许多数学课堂中,尽管教师通过提问使得课堂气氛活跃,但是师生之间的互动却更多的是非实质性的,实质性互动是非常少的①。这样的数学课堂虽然从外表上看起来不错,但对于学生的数学学习却并不适合。也有数学教师指出,在当前数学课堂中,教师提问过于频繁,虽然这样能营造活跃的课堂氛围,但却不利于学生的数学学习②。该观点也是有道理的,因为评价数学教师的课堂提问,并不是看他在一节课中提问了多少次,而应该看提了什么样的问题。

以上探讨了促使教师在数学课堂中与学生进行社会互动的原因,接下来要探究的是教师与学生互动的两种主要形式,即合作和强制。

(1)合作。教师与学生在数学课堂中进行社会互动的首要形式是合作。所谓合作是指这样的一种社会互动形式:由于共同的目标或利益对于个体或群体来说难以实现,所以个体或群体就联合起来。按照功能主义理论的观点,所有社会生活都是以合作为基础的,如果不合作,社会就不可能存在。社会合作的形式主要有四种,即自发合作、传统合作、指导合作和契约合作。数学课堂教学的主要目的是让下一代接受人类长期以来所积累的数学知识,并在接受知识的过程中形成一定的数学能力。要实现这样的目标,没有教师和学生的合作是难以想象的。没有教师只有学生,学生难以掌握数学知识和形成数学能力,而只有教师没有学生更是不可想象的。如果期望一群学生在教师的指导下努力学习可以达到数学学习的目标,那么就必须在教师和学生合作的基础上才有可能。教师和学生之间的合作是一种非正式契约合作。这里先介绍一下契约合作,契约合作是指个人或群体之间正式同意以某种方式进行合作,并对彼此的职责进行清楚的界定。而在数学课堂中,教师和学生的合作虽然教师和学生双方都清楚地知道自己和对方的职责,例如,双方

---

① 潘亦宁. 初中数学课堂上的师生互动研究:基于视频案例的分析[J]. 教育理论与实践,2015,35(8):59-61.

② 高诗蕴. 数学课堂互动教学模式的构建[J]. 现代教育科学(小学教师),2015(6):116.

都清楚教师的职责涉及为学生传授数学知识或启发引导学生的数学学习等，而学生的职责涉及在教师的指导下认真学习和完成教师所布置的任务等。但是，教师和学生群体双方并没有正式鉴定某种契约，因而我们可以称他们之间的合作是一种非正式的契约合作，具体表现为输出与反馈、提问和反馈、情境与引导以及困惑与启发。

①　输出与反馈。输出是指教师的信息输出。教师就数学中的某些问题对学生进行讲解，这在传统的数学教学中是主要的数学教学方法，即使在今天，教师的讲解也是最重要的教学方法之一。教师讲解的对象可能是整个班级，也可能是部分甚至个别学生。反馈是指学生的反馈。当教师在进行数学讲解时，学生会努力去理解并给教师反馈。通过学生的反馈，教师能够了解学生是否理解了自己讲解的内容。学生的反馈一般来说更多是通过面部表情这种体态语言展现出来的，当然也不排除在有些情况下学生会直接用语言反馈。例如，有的学生没有理解教师的讲解，那么学生的面部表情可能就会表现出困惑，如皱眉或摇头等；如果学生对教师的讲解非常理解，那么学生向教师呈现的面部表情就会是微笑或点头等。教师在给学生输入信息的同时，也要注意对学生反馈的接受，这是非常重要的。如果教师只关注自己的讲解而忽视学生的反馈，那么教师就不能及时了解学生对知识掌握的情况。教师及时接受学生的反馈之所以重要，是因为教师应该根据学生的反馈情况及时调整自己的讲解方式。如果教师意识到很多学生都不能理解自己的讲解，那么教师应该自问是不是讲解的难度太大（如果是例题的话是不是该换一个难度稍小一些的题目，或者对题目进行更多的分解），是不是应该更具体一些（如画一个图），等等。教师在及时调整数学知识讲解后，还要继续关注学生的反馈。教师在注意观察学生的反馈中也许只发现个别的学生理解有困难而没有改变原有的讲解方式，但这也为讲解后的个别指导做了对象上的准备。由上可见，数学教师的讲解实际上就是在输出信息、接受反馈、再输出信息、再接受反馈的过程中进行的。

②　提问和反馈。提问是指教师向学生提出一个需要解决的问题，反馈则是指教师对于学生问题解答的反馈。这种形式的师生合作既可以是教师和全体学生之间的互动，也可以是教师和部分甚至个别学生之间的交流。数学解题是数学课堂教学的重要组成部分。几乎每一节数学课上，教师都会提出若干道数学题让学生解决，如果所有的学生都解决了，教师可能会对整个班级学生提出表扬。如果部分学生不能解决，教师可能会表扬大部分学生并鼓励没有解决问题的学生，也许还会给予一定的启发。如果只有个别学生不能解决，教师则可能会和这些个别学生进行单独交流，给他们启发，等等。数学课堂提问也是每节数学课都有的重要环节，无论是在数学教学的哪个阶段，教师都有可能向学生提问，除了是教师的自问自答（当然在提问和回答之间会有一个学生思考的时间）的问题，绝大部分的问题是需要学生来回答的。教师提问的程序一般是固定的，首先教师提出一个问题，在学生

简短的思考后,教师会请一位学生回答,学生回答后教师给出评价。简单地说,整个提问程序就是教师提出问题、学生思考(教师启发)、学生回答、教师给出评价。

③ 情境与引导。让学生感受到数学知识形成的过程,并在该过程中学习数学知识、理解数学思想方法和形成一定的情感态度,是当今数学教学目标的重要方面,为此,数学教学的"发现法"已经成为今天数学课堂中最重要的教学方法之一。在数学发现教学中,教师与学生之间的合作交流就是所谓的"情境与引导"。首先,教师会向学生展示一定的情境,通过对该情境的观察和思考,学生得出所要得到的数学概念或数学原理。当然,学生从情境中发现新的数学知识的过程离不开教师的引导。举一个发现勾股定理的例子:教师首先向学生提供相关的情境,如让学生测量出几个不同大小和形状的直角三角形三边的长度(直角三角形可以是教师给的,也可以是让学生自己在方格纸上画的),并找出三边的关系。如果没有教师的引导,学生所找出的三边关系可能会五花八门,如斜边比直角边长以及两边之和比第三边长,等等。教师此时要对学生的探索进行引导,告诉学生试着分析三边长平方值之间的关系。在此引导下,学生会很快得出"几个直角三角形都具有两条直角边长的平方之和等于斜边长的平方值"这个重要的猜想。因为学生得到的直角三角形两条直角边的平方之和等于斜边的平方值是针对几个特殊的直角三角形的,因而接下来需要证明该猜想是否对于一般的直角三角形都能够成立,尽管该定理的证明有很多种方法,但对于初中生来说,证明难度还是很大的。一般来说,学生在尝试着进行勾股定理的证明中会遇到困难而难以进行下去,教师在此时要再次给出引导,如告诉学生学过的哪些知识是与平方有关的,学生当然会知道正方形的面积是与平方有关,教师再引导学生将直角三角形与正方形的关系联系起来。在教师的一步步引导下,学生最终证明了勾股定理。学生的数学探究与数学家的数学创造在难度上当然不可同日而语,但其过程是类似的,都是观察事实、提出猜想和证明猜想。不过在探究的过程中,二者的区别在于学生的探究是有教师引导而数学家是完全独立进行的。由以上例子可以看出,教师的引导对于学生的数学探究是至关重要的。

④ 困惑与启发。无论在传统的数学教学中或在现代的数学教学中,任何一种数学活动都是由学生的困惑和教师的启发组成的。从数学教学目标上看,由于教师所设定的数学教学目标是基于学生已有的水平而提出的更高要求,因而学生在学习中遇到困难、感到困惑是正常的教学现象,而没有困难的数学学习则是不正常的。正是由于学生在数学学习中有困惑的存在,因而教师的启发是完全有必要的。举两个在数学课堂中经常发生的简单例子。第一个例子是一个学生因有一道数学题(可能是课外的练习题或在课堂中教师布置的课堂作业题)做不出来而请教教师,教师当然不会直接告诉该学生如何解答这道数学题,而是会启发学生可以从哪些方面去思考,在教师的启发下,该学生最终解答了这道题。第二个例子是一个学

生对于新学的概念不理解而请教教师,教师会从概念的界定入手,举出正例和反例来帮助学生理解,在此基础上还让学生自己举出正例和反例,并给出一些运用该概念的问题让学生解决,从而最终使得学生能够准确地理解该概念。

(2) 强制。社会学中所理解的强制是指一个人或一个群体将其意志强加于另外一方。社会学理论认为,所有形式的强制都是以使用物质力量或暴力的威胁为最终基础。在数学课堂中也存在强制,那就是教师对学生以数学学习为目的的强制。教师通过对学生数学学习的强制从而使得学生更好地学习数学,最终实现数学课堂教学目标。

在数学教学中,教师有时需要运用强制的手段与学生进行社会互动,这既与数学有关也与学生有关。由于数学本身所具有的抽象性,因而在客观上造成了学习数学比很多其他学科更加困难的印象。对于一般的学生来说,总是比较喜欢更具体和更有趣的内容,所以相当多的学生发自内心地不喜欢数学。但由于数学在后续的学习、日常生活以及各行各业中所扮演的重要角色,因此必须让学生学好数学,而不能因为数学难学和学生不愿意学就对其听之任之。对于数学教师来说,除了要在数学教学中尽可能地让数学内容符合学生的心理,如使之更为有趣,还要对学生提出强制性的学习要求。

在数学教学中教师与学生的强制性互动有多种形式,有强制参与、强制思维、强制作业等。

① 强制参与。强制参与是指教师在数学课堂中强制学生参与教师所主持的各种活动。这种形式还可以再分成两种,一是强制出勤,一是强制参与教师所规定的活动。每个数学教师都会在上课开始时检查是否有学生没有来上课,如果有特殊情况的话需要提前请假,并且在下课之前没有特殊情况是不允许离开课堂的。这种强制出勤对于学生的数学学习是有意义的,它是学生学好数学的基本保证。对于中小学生来说,连续数次旷课而没有采取弥补措施的话,很可能会导致其数学成绩大幅下降甚至最终成为数学学习的失败者,因为数学学习内容具有前后连贯的特点,前面的内容往往是后面内容的基础,没有掌握前面的,后面的就难以理解。在数学教学中,教师会让学生参与许多的数学教学活动,如让学生动手操作(测量、绘图等)、阅读教科书上的指定内容以及做数学题等。对于这些活动,教师的要求是强制性的,即所有的学生都必须参与,教师也会在活动过程中加以督促,当发现某个学生没有参与,教师会提醒他不要做与活动无关的活动,甚至提出严肃的批评。

② 强制思维。思维是数学学科的基本特点,数学教学本质上就是数学思维的教学。因此,数学课堂中学生是否有机会从事数学思维实际上是区分数学课优劣的重要标准。在数学教学中,教师会提供给学生很多进行数学思维的机会,正是在这些思维过程中,学生掌握了数学知识和形成了一定的数学能力,简言之,学生正

是在思维过程中其数学得到了发展。数学思维是如此的重要,因此教师会强制学生进行思维。由于思维过程发生在学生的大脑中,教师看不见学生的思维,因此教师会采用检查的方法迫使学生必须进行积极的思维。例如,教师在学生就某个数学问题思考一段时间后对学生的思维进行检查,如提出"请你说说你是如何考虑这个问题的""说说你的解题思路""你用了什么样的思想方法"等问题。这种检查的方法在学生的数学学习过程中是非常有必要的,这也是一种具有数学教学特点的教师行为。由于学生要时刻应对教师的思维检查,因此他们不得不努力思考。

　　③ 强制作业。做作业是学习数学的重要保证,是理解数学知识和形成数学能力的主要途径。尽管教师有时会考虑到不同学生的实际能力而布置可供选择的作业,但做数学作业是每个学生都必须要完成的,这是一项强制性的任务。为了让每个学生都能独立地完成作业而不抄袭,教师采取了各种方法,如在小学阶段让学生家长签字,在中学阶段让学生重新说出题目的解题思路等。

　　教师对学生的强制性互动一般是以批评教育为主,倘若学生没有参与数学活动或者没有完成作业,教师都会对学生批评教育,少数情况下也会出现罚站等惩罚措施。

　　在社会学中,强制通常被认定为一种负面的社会互动形式。但是在数学课堂教学中,教师与学生之间的强制性社会互动一般来说不具有负面的效果,因为这种互动的宗旨是促进学生更好地学习数学。不过需要注意的是,如果数学课堂中教师对学生的强制不能很好地控制,就可能会出现负面的效果。例如,对学生的惩罚不注意方法可能会导致学生对教师和数学学习的反感,从而放弃数学学习或成为数学课堂中的"问题学生"。

　　综上所述,在数学课堂中,教师与学生之间无论是合作还是强制,其目的都是一样的,那就是为了每个学生都能够在数学学习上得到最大程度的发展。教师对学生既有(要)合作也有(要)强制,在合作中强制,在强制中合作。合作和强制是并行不悖的,也是相互补充的。只有合作而没有强制,教师将无法保证每个学生都能完成学习任务。只有强制而没有合作,教师将无法保证每个学生都能有效地进行数学学习。

第四节　师生互动之数学课后互动

　　数学课后的师生互动是指教师通过想象与学生所进行的互动,这种想象的师生互动是与教师的自我交流交织在一起的。

　　波利亚在其解题表中强调了数学解题的最后一个阶段"回顾"的重要作用,他将"回顾"视作解题的一个必不可少的部分,没有"回顾"的数学解题是不完整的,没有"回顾"的数学解题,学生会损失很多可以通过"回顾"得到的东西。和数学解题过程类似,教师在数学课堂教学之后也应该有一个"回顾"的过程。

波斯纳认为教师专业成长的基本途径就是经验加反思,强调反思是教师成长不可或缺的途径,如果缺少反思,即使从事了一辈子的教师职业,也难以成为一名优秀教师。教师的反思现在已经成为教师专业发展的重要方法之一,如在国内很多学校内,教师备课本中就有让教师填写的反思日记。

教师的反思是对已经进行过的教学工作的再认识。教师在上完一节课后,应该对这节课的成败得失进行思考,即这节课有哪些成功的地方? 为什么会成功? 今后能否做得更好? 这节课有哪些不足的地方? 为什么会产生这些不足? 今后如何改进? 通过这样一些思考,会很好地促进教师的教学工作。但是,笔者认为数学教师的课后"回顾"应该比通常的反思更深入一层。

在进行数学课堂教学后,教师首先要做的反思是对课堂教学中成败优劣的反思,但这种反思不能仅限于对反思问题得出一个简单的答案,而应该将这种答案通过想象来进行"检验"。这种教师通过想象与学生进行互动所进行的"检验",由于教师对学生数学能力水平的了解以及刚刚完成的数学教学而显得非常可信。例如,在数学课堂教学后,教师认识到对某个例题的分析不够透彻,因此导致了很多学生在课堂中不能较好地理解。教师通过思考想到另外一种可能更好的分析方式。接着,教师想象着自己面向全班学生采用新的方式进行分析,并想象学生听自己讲解时的较好反应。再例如,教师在数学教学中使用"概念形成"的方法引入新概念,课后反思感觉到该方法效果不太好。教师可能会进一步想,如果换另一种方法如"概念同化"来引入,效果可能会更好。接着,教师会展开想象,在课堂中运用"概念同化"的方法进行教学的可能效果。当然,教师在课堂后想象着与学生进行互动,实施改进后的教学策略,这与教师的自我交流是交织在一起的。如在上个例子中,教师会问头脑中的自己这样的问题:"就这节课所学习的概念来说,概念形成方法真的是最好的吗? 如果用概念同化的方法来引入概念会怎么样呢? 用概念同化方法来介绍概念需要注意哪些呢?"

数学教师对数学课堂的回顾应该在课堂教学之后的很短时间内进行,这是因为此时教师对刚结束的数学课堂教学过程有很好的记忆,而通过想象所形成的教学情景能够与实际发生的教学情景进行对比,便于教师对改进后的数学教学策略进行"检验"。

第五节　数学课堂中教师与学生的语言和非语言沟通

　　数学课堂教学中教师与学生之间的沟通可以分成有语言的沟通和非语言的沟通。其中,非语言沟通是指借助符号而不是语言所进行的沟通。

　　在数学教学中,教师和学生之间的互动在很多情况下是通过语言进行的,正像前文中已经谈过的那样,数学教师和学生在数学课堂中使用的是数学教学语言。例如,教师对某些数学内容的讲解、教师对学生的课堂提问以及学生向教师的问题请教等都是如此。数学教学语言是如此重要,以至于数学师范生在教学技能的训练中需要将数学教学语言的使用作为重要技能加以训练。实际上,在日常生活中,非语言沟通却是人与人之间最主要的沟通方式。一些调查认为,大多数人每天使用语言的时间为 10~11 分钟,其余的交流均为非语言交流。一般来说,两人交谈时,语言对于情境的社会意义的表达平均不到 35%,超过 65% 的意义都是由非语言的方式表达的。当然,在数学课堂中,语言的使用要超过日常生活中的语言使用比例,但是非语言的交流仍然占有相当高的比例。实际上,在数学课堂教学中对于教师的语言使用似乎有一种要求,即教师应该少讲。前一段时间,也有一些流行的教学模式要求教师少讲,如"不需要讲的一定不要讲,可讲可不讲的就不要讲,必须要讲的则应精讲"。

一、数学课堂中教师与学生的语言沟通

　　数学教学语言是教师用来传递数学教学信息和启发引导学生的主要媒介,它对学生的知识理解和能力形成等具有极其重要的作用,因此教师应该十分妥善地在教学中运用语言。

　　在教学中,教师对语言的使用应该注意如下几个方面:

　　(1) 对谁讲(Who)。不同的交流对象要求教师使用的语言是不同的。教师在课堂教学中可能面临着不同的交流对象,如面向全体学生的语言和面向单个学生的语言会有很大的不同,前者更像做报告而后者更像是朋友之间的谈心。即使是和单个学生交流,低年级的学生和高年级的学生、数学成绩好的学生与成绩不好的学生,交流的方式也会有相当大的区别。甚至教师在与不同性格特点的学生进行交流时,交流的方式也会有所区别。无论交流的对象是全班学生还是单个学生,教师在说话时应该和学生有目光上的交流。教师通过目光和学生进行交流,就是在告诉学生你在关注他。目光交流是一种重要的非语言交流形式。教师可以通过目

光和学生交流,向学生表达你对他的行为非常满意或不满意。

(2) 如何讲(How)。将一定的数学教学内容通过语言传递给学生并让学生理解这些内容是数学教师教学能力的重要体现,这差不多就是舒尔曼所说的 PCK 了。相同的内容让不同水平的教师来教学,其效果会有很大的差异,高水平的教师能将复杂的问题变得简单,而低水平的教师会将简单的问题变得复杂。数学教师要具有高超的数学讲解水平并不是容易的事情,至少要具备两个重要的条件:一是具备坚实的数学基础;二是了解学生的思维特点。这里所说的坚实的数学基础,就中小学数学教师来说主要是指掌握系统而深厚的初等数学知识,但实际上,很多中小学数学教师并没有做到这一点。一般来说,高等师范院校数学系都会给师范生开设"初等数学研究"课程,其目的就是为了使他们具有坚实的数学基础,但遗憾的是该课程开设的效果并不理想。更严重的是不少院校近几年来逐渐削弱了这门课的地位,包括将它从专业必修课变成选修课和减少该课程的学时数。而不少新教师对于学生的思维特点也不甚清楚,其原因也是师范院校相关课程开设上存在问题。

(3) 什么时候讲(When)。首先,数学教学不同于其他学科教学的一个重要特点是在教学中要让学生有充分的时间进行思考。教师的讲解不应当安排在学生正处于独立思考时进行,以免影响到学生的独立思考和探究。其次,只有在学生经过努力而又没有能够解决数学问题的情况下才可以讲解,并且不是直接告诉学生如何去做,而是启发学生如何去思考,最终的结果仍然应该由学生自己解答出来。这样做可以得到一些很好的效果,如培养了学生进行数学思维的习惯和能力,也可以培养学生在遇到困难时坚持不懈的精神等。最后,可以让学生独立阅读和学习的内容,教师应该少讲或不讲。这样做可以培养学生自己阅读和自学的习惯,而这种习惯对于学生来说是非常重要的。例如,一些简单的数学知识可以让学生自己在课前或课中阅读,一些数学史的知识也可以让学生在课后通过网络或其他途径去阅读。

二、数学课堂中教师与学生的非语言沟通

非语言沟通形式中最主要的两种是体态语言和个人空间。就数学课堂教学中教师与学生的互动来说,主要涉及体态语言中的面部表情、动态体语和个人空间。

(1) 体态语言中的面部表情可以直接展示出交流双方的情绪变化。在数学教学中,教师和学生之间进行互动,双方不断地观察对方的脸色以了解对方对自己说话内容的反应。当教师给出一个数学问题让学生解答,在学生解答过程中,教师通过对学生面部表情的变化,可以判断出各个学生的解题情况,解题顺利的学生和遇到障碍的学生的面部表情是大不相同的,由此教师可以判断出哪些学生是需要给予启发的。当教师和单个学生进行互动时,学生可以根据教师的面部表情判断出

教师对于自己回答的满意程度。当教师面对全班学生进行讲解时,他可以根据学生的面部表情推断出学生对于自己讲解内容的理解程度,从而不断调整讲解的方式方法以满足更多学生的要求。在交流双方的互动中,双方不但观察对方的表情以了解对方对自己说话内容的理解程度,而且也试图恰当地控制自己的表情。在师生交流的过程中,教师为了更好地鼓励学生的数学学习和提高他们对数学学习的兴趣和自信心,常常需要控制自己的表情。例如,当学生错误地回答了教师的提问时,教师不能表现出失望的表情,而要努力地表现出鼓励的表情。再如,当学生在解决一道比较简单的数学题却出现错误时,教师也不能表现出愤怒的表情。

(2) 体态语言中的动态体语是指通过身体或四肢的运动来表达某种意图、情绪或态度。在数学课堂中,教师在与学生的交流互动中不可避免地会使用各种动态体语。例如,教师对学生正确的回答会点头,而对错误的回答则会摇头,教师剧烈的摇头可能意味着对学生回答的彻底否定和失望,而轻微的摇头加上微笑则可能表示学生的回答有疵瑕和对学生的鼓励。再如,如果学生理解了教师的讲解则会微微点头,如果听不懂则会摇头。

(3) 个人空间是指环绕一个人四周的直接区域。在此我们要涉及的是个人空间的一个方面即人际距离,它是指谈话人相互之间的空间距离。人类学家霍尔认为人际距离有四种基本类型,分别是亲密距离、私人距离、社会距离和公众距离,其中亲密距离为 0～45 厘米,私人距离为 45～122 厘米,社会距离为 122～365 厘米,而公众距离为 365 厘米以上。霍尔认为,亲密距离是求爱、安慰和保护的距离,私人距离适合于密友和相爱者之间的互动,社会距离内可以处理一些非个人的事务,而公众距离适合于知名人士的演讲[①]。当然,霍尔对人类互动的人际距离的划分可能是有局限性的,因为在不同的文化背景下可能有不同的人际距离。具体到数学课堂中,教师和学生之间进行互动的人际距离也是与文化环境有关系的。很多教师都有这样的体会:在课堂上如果和学生距离太远的话,交流的效果就会差一些。就我国的数学课堂来说,教师和学生之间的距离如果控制在 50 厘米左右(处于霍尔的私人距离内),效果可能会比较好。许多中小学数学教师会在课堂教学中不自觉地运用这种减小与学生的人际距离的方法来提高与学生的交流。例如,一些教师在讲课时很少站在讲台上,而是在教室中间的过道上边讲边慢走,这样可以使得教师与每个学生之间的人际距离在这一节课中都有机会保持很近。如果教师只是站在讲台上上课,教师和学生之间特别是教室后排学生之间的距离就会太远,此时的师生交流就难以激发起学生对教师的感情,这样的交流会降低学生的数学学习效果。再例如,当教师需要和某个学生进行个别交流时,他通常会来到该学生的身边并俯下身与学生进行交流,此时教师和学生之间的人际距离是很小的。

---

① 波普诺. 社会学[M]. 10 版. 李强,译. 北京:中国人民大学出版社,1999.

第八章　数学课堂中的社会互动：生生互动

在本章中,我们将探讨数学课堂中社会互动的另一个方面,即学生与学生之间的互动,这在传统的数学教学中是严重被忽视的。在笔者上小学和中学阶段,教师在数学课上经常讲的话是"坐好""不要互相说话""不要讨论""自己做自己的",学生之间的互动只有在极少的情况下才被允许发生。

自 20 世纪 80 年代以来,随着社会文化理论在教育教学领域影响的扩大,从世界范围来看,数学教学中的生生互动已经成为很常见的教学现象。NCTM 的课程标准中给出数与运算、代数、几何、度量、数值分析与概率、问题解决、推理与证明、交流、连接以及表征的标准,其中交流的标准在某种程度上就是强调了学生之间的互动,它涉及四个方面,即所有的学生都能够通过交流组织和巩固他们的数学思想,所有的学生都能够连贯而清楚地和同伴、教师以及其他人交流自己的数学思想,所有的学生都能够分析和评价他人的数学思想和策略以及所有的学生都能够运用数学语言清楚地表达数学思想。一般认为,强调高层次的数学思维、问题解决和交流是现代数学教学与传统数学教学的重要区别。

在我国,随着新课程改革的实施,数学课程标准中已经将学生的小组合作学习视为与教师讲解、个体探索并列的教学方法。例如,义务教育数学课程标准就明确指出:"教学活动是师生积极参与、交往互动、共同发展的过程。"[①]高中数学课程标准也强调:"学生的数学学习活动不应只限于接受、记忆、模仿和练习,高中数学课程还应倡导自主探索、动手实践、合作交流、阅读自学等学习数学的方式。"[②]但在实际的数学课堂教学中,往往以师生互动为主要的互动,生生之间的互动是很少的。不少研究者都指出了我国数学课堂中生生互动的不足[③]。笔者认为,既然交流是现代数学教学与传统数学教学中的重要区别,那么交流的不足在一定程度上就反映了数学改革的不足。数学课堂中生生互动的不足不仅影响学生的数学学习,也不利于他们合作能力的培养,这应该引起我国数学教育工作者的充分重视。

---

① 中华人民共和国教育部. 义务教育数学课程标准:2011 版[M]. 北京:北京师范大学出版社,2012.
② 中华人民共和国教育部. 普通高中:数学课程标准(实验)[M]. 北京:人民教育出版社,2010.
③ 谢键,陈文略. 数学课堂有效教学互动的策略[J]. 科教导刊,2015(11):119 - 120.

第一节　数学课堂中生生互动的概述

数学课堂中的生生互动,是指在教师的指导下为学生的数学学习和为今后进入社会更好地与他人相处,以数学任务为中介所进行的学生与学生之间的相互作用。以上界定包括四个部分:第一,数学课堂中的生生互动不是随心所欲地进行,而是在教师指导下进行的,教师在生生互动中扮演的是主导者的角色。第二,数学课堂中的生生互动有着明确的目的,那就是为学生的数学学习,同时也为学生今后进入社会与他人相处积累一定的经验。当然,这二者不是两件事,而是一件事情的两个方面。第三,数学课堂中的生生互动是学生与学生之间的相互作用,而不是单方面的作用。第四,数学教学中的生生互动是通过数学任务这个中介进行的,数学任务将学生们相互之间联系起来,他们为了完成数学任务而互动,一旦数学任务完成,互动也就暂告结束。

对于数学课堂中的生生互动,有一些问题显然是令人关注的,如数学课堂中的生生互动有哪些具体的形式? 这些形式是否可以实现促进学生数学学习以及为学生今后进入社会与他人相处积累经验的目的? 在数学教学中如何进行生生互动?

在许多国家,包括数学课堂在内的课堂教学中已经被运用的学习方法或教学方法有三种:自我的方法、合作的方法和竞争的方法。自我的方法是指在教师的指导下学生按照自己的节奏学习,应该说这是一种在现代技术迅速发展的今天具有很大发展前途的学习方法。例如,在教师的指导下,学生按照自己的接受能力和基础使用某种数学教学软件或者某个数学学习的网络平台进行数学学习。不过,这种学习方法没有明显地涉及生生互动,因而超越了本章讨论的范围。其他两种教学方法涉及学生之间的互动,它们是我们要讨论的数学教学中生生互动的形式。在本章第二节和第三节,我们将分别对学生之间合作和竞争进行详细的讨论,在讨论中我们将通过分析验证这两种互动确实有助于学生的数学学习,也将说明如何在数学教学中具体实施。下面,先简单说明这两种学习方法是如何有助于学生今后进入社会能够与他人更好地相处的。

在今天我们生活的社会中,人与人之间最基本的也是最重要的关系就是合作和竞争。除了家庭成员之间的合作,各种团队成员之间的合作、社区成员之间的合作等也充斥着我们的生活,我们的生活在很大程度上就是和别人合作。我们生活质量的高低和事业上的成功与否,很大程度上取决于我们能否和各种同伴进行有效的合作。除了合作外,竞争在现代社会也扮演着重要角色,它的存在有助于促进人类的奋发向上,从而有助于科技的发展和社会的进步。我们在工作中和同事竞争，以求得出类拔萃，我们的企业与其他企业竞争，以求得更多的客户和更大的利润。因此在当今社会，合作固然十分重要，竞争也是不可或缺的。合作和竞争并不是简单的互斥关系，在很多情况下，我们和他人既相互合作也相互竞争，为了竞争而合作，在合作的过程中也存在竞争。那么我们如何与他人保持有效合作和合理竞争呢？学校教育应该教授学生和他人合作与竞争的方法，因此，作为学校教育重要成分的数学教学也应该肩负着这方面的责任。数学课堂是小社会，学生学习数学是为了很好地进入大社会，而学生在数学课堂中学会与同学之间合作和竞争，将更加有助于他们今后进入社会与他人正常相处和在事业上获得成功。

第二节　生生互动之合作

较早的一些研究已经表明，合作型学习适合任何类型的学习。使用这种学习方法的学生能取得较高的成绩和较强的推理能力，他们非常重视学习的课程，并且有很强的自尊心和良好的人际交往技巧。学生之间合作型学习可以有多种形式，但就数学教学来说，小组合作学习是最常用也是最重要的形式。

研究认为，一般的小组合作学习包含五个基本要素，分别是积极的相互依赖、个体责任、合作技巧、面对面的互动以及小组反思和确定目标。积极的相互依赖是指为了达到共同的目标，小组成员之间应该相互依赖，为小组的共同成绩而不是自己的成绩负责。个体责任是指小组中的所有成员都要投入到活动中，每个成员都必须完成自己的任务。合作技巧是指小组中的每个成员都应该学会和其他成员的合作，学会主动聆听和为小组贡献他们自己的建议。面对面的互动是指小组成员在小组学习过程中有着真正的面对面的互动发生。小组反思和确定目标是指小组成员对已经完成的任务的评价以及确定将要实行的目标。

一般学科教学中的小组合作学习并不完全适合于数学课堂中的小组合作，这是因为数学学习有着不同于一般学科学习的特殊性，以下我们对数学课堂中的小组合作学习进行相关的探讨。

一般来说，小组合作学习的必要性是由于有些学习任务需要多个学生合作才能完成，每个学生都承担其中的一部分工作，任务的最终完成是基于每个学生自身任务的完成的。例如，在自然科学如物理、化学和生物学科的教学中，要完成一项实验任务，小组中的不同成员需要完成不同的任务，如有的成员观察现象、有的成员测量、有的成员记录、有的成员计算。而在数学课堂教学中，这样需要小组成员手动操作性配合来完成任务的情况也并不少见。我国的数学课程改革确定了九年义务教育数学内容包括四个维度，即数与代数、图形与几何、概论与统计以及综合实践。其中在综合实践难度中就特别强调了学生在动手操作上的合作重要性,即使是在一般的教学活动中也经常安排有动手操作的任务,尤其是在小学数学教学中。例如,在小学"1 米的认识"的课程教学中,教师让四个小学生组成一组,其中第一个学生站立,第二个小学生拿着一米长的尺子从站立学生的脚开始往上量,第三个学生检查量得准不准,第四个学生用胶纸标出"1 米"的位置。显然,四个学生各有分工,缺少一个学生,任务都完不成。再例如,在初中阶段,学生学习了直角三角形的有关内容后,教师让学生以组为单位去测量出学校边上某建筑物的高度,小组各自分工,有的用尺子测量长度,有的用测角仪测量角度,有的记录数据。显然,这样的活动如果没有一个合作的团体是难以完成任务的。这些以动手操作为主要模式的小组合作虽然在中小学数学教学中非常重要,但是它们并不能很好地反映出数学自身的思维特点。在数学教学中还有一种更有数学特点的小组合作,即思维合作。以动手操作为主的小组合作实际上和其他学科的小组合作相类似,但是思维型的小组合作更多地体现了数学的特点。因此,不能简单地拿一般学科教学中的合作学习来看待数学教学中的合作学习,数学教学中的小组合作学习在很多情况下有其自身的特点。具体来说,自然科学中的小组合作以及数学教学中以动手操作为主的小组合作是将某个任务 A 分成 n 个子任务,小组中的每个成员分别完成其中的一个子任务,最后再把所有的子任务综合起来就等于完成了整个任务,这里单个成员完成的是大任务中的一个小任务,因此针对的是小任务而不是整个任务。而在数学教学中的思维型的小组合作中,n 个成员各自要完成的往往是整个任务,是从自己的角度来试图解决整个问题,其核心是集中每个成员的思维力量解决小组所面临的数学问题。下文我们将对思维型小组合作学习数学展开论述。

(1) 数学教学中小组合作学习的任务和目标。数学学习虽然需要动手操作,但思维无疑是数学学习的核心。和动手操作型的任务不同,通常一个数学问题就是一个整体,不能将其分割,因此教师不可能将一个问题分成不同的部分,让不同的学生分别进行思维。动手操作型的合作学习是由于操作的复杂性,从而需要不同的学生进行不同的操作,所以,数学教学中小组合作学习的任务不是在操作的复杂性上,而是应该在思维的难度上。数学教学中小组合作学习的任务一般都是具有较大的难度,单个学生难以完成而需要多名学生的合作才能完成。另外,小组合作学习的目标不是仅仅为了解决教师所给的问题,而是要尽可能简单地、优美地、巧妙地解决问题。如此的任务和目标,凸显了数学教学中小组合作学习的特殊性,也将使得小组合作能够很好地开展。

(2) 数学教学中小组合作的模式。数学教学中的小组合作可以有多种实施模式,但无论哪一种模式都应该考虑到小组合作的任务、目标和要求,尤其是要考虑到数学学习的特点。例如,"明确问题—独立思考—个体展示—肯定建议与质疑辩解—最佳解答"就是一个很好的数学教学中的小组合作模式。

① 明确问题。在该阶段,小组成员集体对教师所给的问题进行理解,通过讨论,每个成员明确了问题的条件和结论。

② 独立思考。在每个成员都已经明确了要解决的问题的基础上,现在要对该任务的解决进行独立的思考,试图解决该问题。小组成员对问题的独立思考是合作学习的关键,没有成员的独立思考以形成自己的解题思路,就无法进行成员间的进一步讨论,而独立的思考也体现了数学解题的特点。有的成员经过思考能够得出某种解决方法,有的成员经过思考却无法得出任何解决方法,还有的成员经过自身努力后得出了错误的解决方法。虽然独立思考的结果可能各种各样,但是经过独立思考,每个人都会有所收获。有的人找到了解决问题的最佳途径,有的人找到了阻碍问题的障碍所在,所有的这些独立思考都是为接下来的合作学习做准备。这一阶段是如此重要,但是在现实的数学课堂的小组合作学习中经常忽略了这一步,小组在接受到教师的学习任务后没有进行独立思考就立即进行了讨论,显然这样做不但忽视了数学学习的特点,而且使得小组合作学习缺少了必要的合作基础。

③ 个体展示。在该阶段,每个成员将自己在第一阶段的所想所得用语言(也可以辅以文字和图画等)告诉其他成员。由于每个学生的数学水平和思维特点是不同的,因此不同的成员在思考同一问题时所得到的结果往往也是不同的。不论是否已经解决了所给的任务,成员都要将所想所得说出来,解决了多少说多少,解决到哪说到哪,既谈取得的成果也说遇到的困难和失败。一般来说,一个成员在展示自己独立思考的成果时,其他成员应该认真地倾听。第二阶段的重要性不仅表现在它展示了成员的思维过程和结果,更重要的是成员可以清楚地用语言将其思考过程表达出来,用其他成员能够理解的词汇和理解的方式表现出来。研究表明,人们在学习时,可以学习到所阅读内容的 10% 、所看到内容的 30% 、自己所说内容的 70% 和传授给别人的内容的 95% 。

④ 肯定建议质疑辩解。每个成员在说出自己的所想所得后,小组成员之间会对该成员所说的内容进行交流。交流的内容包括对每个成员所取得成果的肯定以及存在问题的建议,更主要的是对每个成员所说的内容提出质疑,这一点比给予肯定更为重要,诸如提出"你是如何想到这样做""你那一步的根据是什么"等疑问。对于其他成员的质疑,该成员需要为自己辩解,阐明自己是如何思考的以及解决问题的根据等。这一阶段与第三阶段在时间上是交叉的,它也是五个阶段中最为重要的一个阶段,凸显了数学教学中合作学习的特点。质疑的过程和辩解的过程对于交流双方的数学理解所起的作用是非常大的。能够提出质疑的前提条件是努力地理解了对方所说的内容,而辩解则需要对自己的思考有更清楚的整理,它们比起一般的提问和说明需要对问题有更深入的洞察。另外,质疑和辩解也将极大地促进学生的批判性思维和批判性精神,而这些是一个人高素质的重要体现。

⑤ 最佳答案。许多数学题特别是复杂的问题,可能会涉及较多的数学知识,

因此也可能会有较多的解题方法。倘若一道数学题在有多个解法的情况下,小组就要在这些解题方法中比较出"优劣",而判定解题方法"优劣"的基本标准就是美,因此,小组要找出最美也是最优的或最佳的解决方法(如最简单的、最巧妙的或最容易理解的)。寻找最佳解答方法的过程是非常有意义的。成员之间通过对不同解决方法的比较,找出最佳的方法,实际上也就是在寻找最美的方法,在此过程中,成员实际上是在经历一个理解美、发现美和欣赏美的过程。有人认为只要是能正确解答问题的答案都是正确的,这些答案之间并没有优劣之分。显然,这种看法是不正确的,因为数学不但要追求真,更要追求美。如果小组只得出一个解决方法,小组会对该方法进行进一步的修改和完善。当然,也有可能最终没有找到解决方法,这时小组需要总结在解决问题的过程中出现的困难和障碍,并将这些困难和障碍记录下来,作为此次合作的成果,实际上这也是有价值的。不论如何,最终的结果不是以某个成员而是以小组合作的成果展示给全班。

图 8.1　学生在小组合作中的讨论

(3) 小组合作学习中教师的作用。数学课堂中的小组合作学习是一种在教师指导下的合作,即若干学生在教师的管理和协调下进行的合作,因此教师对于数学课堂中小组合作的有效性提升是非常关键的。数学教师在小组合作中的作用具体表现在如下几个方面:

① 组建合作学习小组。在组建合作学习小组时,一般会涉及两个基本问题,即多少个学生组成一个学习小组以及哪些学生可以组成一个学习小组。首先我们看第一个问题,即在数学课堂中每个学习小组一般由多少个学生组成。国内数学课堂教学中的合作学习小组通常是由 4~6 个学生组成。虽然 4~6 人的小组合作规模是一种经验总结,但确实是很有道理的。我们可以从社会学的相关研究以及数学教学两个方面来看其合理性。在社会学中,对于群体规模的研究早已经不是新的话题,许多古典社会学都对该主题很感兴趣。最小的群体是两个人,两个人所组成的群体可能是最具有团结感和亲密感的,但两个人所组成的群体只有一种单

一的联系,如果一个人退出,那么群体就会终止。根据齐美尔的研究,三个人组成的群体是所有群体中最不稳定的,因为可能总有一个人是局外人,或者被看成是入侵者。因此,数学课堂中的合作学习小组成员应在三个人以上[①]。但是,另一方面,当群体的人数每增加1人时,群体中的社会关系就呈几何级数增长。当群体的人数是6时,群体中的社会关系就有 $C_6^2=15$ 个;当群体的人数是7时,群体中的社会关系就变为 $C_7^2=21$ 个。如果再增加1人变成8人组成的群体,社会关系就有 $C_8^2=28$ 个。由以上变化可以看出,群体增加了1人,社会关系增加了6个,群体增加了2人,社会关系增加了13个。小组合作学习中,成员在短时间内要处理的社会关系不能过于复杂,因此,6人小组是比较合适的,当然这也不是绝对的。再从数学教学方面来看,如果合作学习小组的成员还不够3人的话,那么我们所希望的从各个角度来考虑的情形就难以出现,而当有较多成员时,就会有不同思想的碰撞和不同途径与结果的呈现。但是,如果人数过多的话,虽然后面的现象可以出现,但是在小组合作的第三至第五阶段会消耗掉大量的时间。如果没有大量的时间做保障,那么也就意味着每个成员不能清楚地说明自己的解题思路,每个成员也不能充分地对其他成员的解题思路提出质疑,每个成员也难以有时间为自己的解题进行辩解,整个小组也不能很充分地讨论哪种解法才是最佳的解法。如果是这样的话,小组合作学习就会失去合作的意义,就会变成一种形式化的做法。

再来看组建合作学习小组中的第二个问题,即考虑由哪些学生组成合作小组?也就是说这4～6个人都有什么样的特点?不少中小学教师在关于小组合作学习的文章中都谈到,组成合作学习小组的成员应该具有异质性,也就是说这些成员的数学能力水平是不同的,这在一定程度上是有道理的。但是还应该注意的是,在一个学习小组中最好要有不同思维特点的学生,只有这样才能保证小组中的成员能从不同的角度进行思考。每个数学教师都必须明确的是小组合作学习的本质在于合作,在这种合作中,所有的小组成员为共同的目标努力,同时也在这种合作中获取收益,即自身在数学上能够得到发展。前文曾说过,很多数学教师将小组合作学习理解为成绩好的学生帮助成绩差的学生学习数学,但这并不是真正意义上的小组合作学习,因为成绩差的学生固然在此过程中会受益,而成绩好的学生却得不到来自成绩差的学生的思维启示,根据群体合作的交换原则,成绩好的学生将很快地对这种"合作"失去兴趣,小组合作学习也将难以为继。

② 为小组合作建立规则。规则的确立是为了保证小组合作学习更为顺利地进行,在进行小组合作之前就应该初步确定规则,然后在小组合作过程中逐步完善。小组合作规则包括两个部分,第一部分是合作的程序,第二部分是合作中小组成员必须遵守的社会规范,简单地说,小组成员必须知道做什么和怎么做。第一部

① 波普诺.社会学[M].10 版.李强,译.北京:中国人民大学出版社,1999.

分无需多说,小组成员不知道小组合作的程序就谈不上进行合作,这里我们重点论述第二部分即小组成员必须遵守的社会规范。如果任何一名小组成员不清楚小组合作的社会规范或者知道规范而不遵守的话,小组合作就很难高质量地进行。实际上,在今天的数学教学中,小组合作学习已经是课堂教学活动的一个有机组成部分,因而小组成员所必须遵守的社会活动规范应该是数学课堂文化的一部分。由于小组合作的社会规范是为了保证小组合作任务能够顺利地、高质量地完成,因而其必须与小组合作的程序相关,具体来说:在第一阶段即明确问题阶段,每个小组成员必须努力地理解问题,如果有成员在问题的理解上出现困惑,其他成员有责任帮助该成员排除困惑;在第二阶段即独立思考阶段,每个成员必须认真、独立地思考所面临的问题,不能打扰他人的思考;在第三阶段即个体展示阶段,每个成员都应该将自己所想所得毫不保留地用语言表达出来,无论说的正确与否,其他成员均不得打断,更不得讥笑和嘲讽;在第四阶段即肯定建议质疑辩解阶段,所有成员对于其他成员的所想所得给予实事求是的评价,要肯定成绩,更要指出不足并提出相应的建议,还要敢于质疑,要允许所有的成员都能够对于他人的质疑进行辩解,在别人进行辩解时应该认真倾听;在第五阶段即最佳答案阶段,所有的成员都应该积极参与。在整个小组合作学习过程中,所有的成员无论其数学能力、性别、性格特征甚至家庭背景的相同或不同,都应该是平等的。

③ 为小组提供合适的任务。并不是所有的任务都需要小组合作。过于简单的任务就不能作为小组合作学习的任务,因为单个学生就可以解决;过于困难的任务(即使多个学生经过很多努力也无法解决的问题)也不能作为小组合作学习的任务;只有介于这二者之间的任务才可以作为小组合作的任务。因此,教师在进行教学设计时,应该提前考虑给学生的小组合作准备什么样的任务,而不是在数学教学过程中想当然地或即兴地给出任务。维果斯基的"最近发展区"所针对的是单个学生,意思是教师所提出的任务应该是学生经过努力和在他人的帮助下可以完成的。教师在为合作小组确定任务时也应该做类似的考虑。我们可以将"最近发展区"分成两类:一类是基于个体的"最近发展区";另一类是基于小组的"最近发展区"。而基于小组的"最近发展区"则是指在小组成员协助努力下所能达到的水平。显然,基于小组的"最近发展区"并不是小组中各个成员各自努力后所能达到水平的简单叠加,而是要大于这个水平。过于简单或过于困难的任务会使得学生不用合作或无法进行真正的合作,从而浪费了宝贵的课堂教学时间。在现实的数学课堂中,这样的情况确实存在。笔者曾不止一次在旁听课的课堂中观察到这样的现象,即教师布置的合作学习任务过于简单,每个学生很快就独自完成了任务,由于任务简单,小组成员也就没有继续进行后面的三个阶段。

④ 小组合作过程中教师的监督和协调。在小组合作的过程中,教师当然不是无所事事,他应该充当着小组合作学习的监督员和协调者的角色(见图 8.2),教师

在数学教学中的主导地位在小组合作学习过程中也同样有着充分的表现。教师在小组合作学习过程中监督和协调的目的是为了使小组合作学习能够顺利地、高质量地完成,其作用体现在以下四个方面:第一,保证了每个小组中的每个成员都能参与到合作活动中。当每个小组在接受任务进行合作互动时,教师通过观察会及时发现是否有某些小组中的个别成员没有参与到活动中,如果有的话,教师会立即来到该成员身边了解为什么没有参与到活动中并督促其尽快加入。第二,保证了每个小组都能按照小组合作的程序进行合作活动。教师在巡视和短暂加入某个小组的活动时,能及时发现该小组的合作学习进行到哪个环节,如果发现了某个小组没有按照规定的程序进行,教师会纠正该小组的不正确做法。第三,确保了各个小组的合作学习围绕着确定的任务进行。每次的小组合作学习都是以解决某个确定的任务为核心,在解决任务的过程中,小组成员相互合作、相互启发,从而实现在数学上发展的目的。但是对于中小学生来说,特别是低年级的学生,如果没有教师的监督,合作的主题就很可能会偏离原来的题目。例如,如果教师给定的题目涉及足球,那么喜欢足球的小组就有可能偏离对数学问题的解决,而集中于足球运动的讨论上。因此,教师在巡视和短暂加入小组活动时,应确保每个小组都在解决既定的问题。第四,解决了影响小组合作学习顺利进行的其他各种问题。这些问题可能包括小组成员在某个问题上发生争执而不能达成共识,从而使得合作讨论难以继续下去,以及遇到了小组成员都难以解决的问题,从而出现冷场的局面等,此时教师应该短暂地加入到小组中,给合作学习小组提出一些建设性的意见并给予适当的启发引导,从而使得小组的合作学习能继续进行。

图 8. 2 教师与小组合作学习

(4) 小组合作学习中的权力和地位问题。在只有 4~6 人的数学合作学习小组中各个成员的地位是不是一样? 其权力是如何分配的? 很多教师在分配合作学习小组时就指派了一位小组长,小组长的职责就是负责小组的整个合作学习过程。有的教师并不指派小组长,而让小组自行确定。无论是教师指派还是小组自行确定,其结果基本上都是一样的,那就是小组中数学成绩最好的成员会成为小组长。小组长是合作学习小组中有权力的成员,他的行为能够对整个小组的合作活动过程产生影响,他能够确定每个阶段的时间分配,能够对合作中的某些争议进行裁决,能够对某些他认为不恰当的成员行为进行制止,能够最终决定最佳的问题解决方法等。由于他在小组活动中所具有的权力,因而在小组中具有最高的地位。小组长的这种权力和地位来自于他具有的较强的数学能力,但是这并不意味着在合作学习过程中他可以无理性地干涉小组的合作学习,而是要更好地领导小组的合作学习,从而保证小组的合作学习顺利地进行,因此小组长在小组中的权力和地位是有积极意义的。除了小组长外的其他成员虽然是相对无权的,但并不意味着其在活动中的合法行为会受到压制,并不意味着在活动中会被歧视和受到不平等的对待。小组合作学习的基本规则就是所有的成员都是平等的,小组长的权力也包括必须保证所有的成员在活动中平等和不受歧视。另外,数学教师的巡视和短暂加入也将保证所有的成员是平等的。如果没有小组合作规则做保证,如果没有小组长合理地使用其权力,那么小组中就会出现由权力大小不同而导致的不平等和歧视等问题。

第三节　生生互动之竞争

在我国今天的数学课堂上,随着数学课堂改革的深入,合作学习已经屡见不鲜,但是竞争性的生生互动似乎并不多见。有专家认为,当今社会注重的是合作,因此在数学课堂中应该更多地强调合作学习,而不是鼓励竞争。更有人认为,现代数学课堂区别于传统数学课堂的重要一点就是学生之间的合作,传统的数学教学注重学生为各自的成绩而相互竞争,现代的数学教学则是为了共同的进步而相互合作。甚至有人提出,竞争是资本主义国家的核心特点,在我们这样一个社会主义国家不应该鼓励竞争。

在今天的社会上,要想得到长远的发展,竞争和合作都是不可缺少的,因而无论在哪种性质社会中的学校都应该培养学生的竞争意识和习惯。竞争并非是以打败对手为目的的冲突,它与合作也不是相互对立的。竞争是遵循某种规则的一种合作性冲突,在这种社会互动中,达到所追求的目标比打败对手更为重要。当然,在竞争中的某一方实现了目标,而另一方没有实现目标,或者说实现目标的一方是胜利者,而没有实现目标的一方是失败者。但无论如何,打败竞争者不是竞争的主要目标。

就数学教学来说,适当地运用竞争,不仅有助于学生形成竞争的意识和习惯,从而在以后步入社会时能够迅速适应竞争的环境,更有助于学生的数学学习。通过竞争,会使得数学课堂教学更有活力;通过竞争,会使得学生对数学学习更有兴趣;通过竞争,会使得学生更加努力地进行数学思考,因而教师应当在数学教学中适当地运用竞争的方式。虽然,数学教学中学生之间的竞争方式有很多种,但无论哪一种都应体现出竞争和互动的特点,互动是为了竞争,竞争是通过学生之间的互动来实现的。一般来说,数学教学中学生的竞争性社会互动可分为无合作个体之间的竞争、无合作群体之间的竞争以及有合作群体之间的竞争三种形式。

一、无合作个体之间的竞争

无合作个体之间的竞争是指在数学课堂教学中学生作为个体学习者之间所进行的竞争。这种形式的竞争过程一般可以这样进行:首先教师向全班提出要竞争的数学问题,接着学生开始独立解决,最先解决问题的学生 A 展示自己的解决过程并接受其他学生的质疑和对质疑进行辩解,如果学生 A 的解决过程没有错误,而且其他学生也没有提出更好的解决方法,那么学生 A 成为竞争的获胜者。如果学生 A 的解决过程有错误,而且有其他学生提出了可能更好的解决过程,那么竞争继续进行,学生 A 不作为获胜者。如果学生 A 的解决过程没有错误,接着学生 B 提出自己的解法更为简捷和巧妙,此时学生 A 可以和学生 B 进行谁的答案更好的辩论,如果包括学生 A 在内的其他学生和教师认为,学生 B 的解答确实比学生 A 的解答更好,那么学生 B 就成为暂时的获胜者。如此继续下去,直到有学生成为真正的获胜者为止。由上可以看出,无合作个体之间的竞争实际上相当于一种游戏,因此"游戏规则"是很重要的。游戏规则是在教师的引导下形成的,教师要让所有学生认识到该规则的合理性,从而使得学生在"游戏"中自觉地按照规则进行。无合作个体之间的竞争体现了"竞争"和"互动"的特点。所有的学生都可以而且应该参与到竞争的活动中,每个学生都可以提出自己的解答方法,一直到最佳的答案被确定,不同答案的提出过程就是学生相互竞争的过程。在竞争的过程中,互动也是非常重要的。当一位学生提出自己的解答时,别的学生对其提出质疑,然后提出解答的学生再为自己的解答辩解。当有两位学生都提出了解答方法,他们之间可以对各自的解答方法进行辩解。另外,所有的学生还会参与到后一位学生解答与前一位学生解答的对比讨论中。

二、无合作群体之间的竞争

无合作群体之间的竞争是发生在学生群体之间,不过这些群体的学生并没有合作学习的关系,他们往往是教师在教学中根据一定的共性如物理位置和性别特征等指派的,例如课堂中男生群体与女生群体、坐在教室中各排(或各列)的学生群体、坐在前三排和后三排的学生群体、坐在教室左边和右边的数学群体等。这些不同群体的学生在解决问题时并没有进行合作性的学习或研究,但当教师指派他们成为一个竞争单位后,他们便会产生一种团结心理和争取在竞争中获胜的目标。在无合作学习群体之间的竞争中,教师首先提出竞争的问题和指派竞争单位;接着所有学生对竞争的问题进行思考(为简单说明,这里以两个群体 A 和 B 为例)。经过一段时间的思考后,群体 A 中的一位学生提出自己的解决方法后,群体 B 中的学生会对 A 的解决方法提出质疑,此时对质疑进行辩解的可以是群体 A 中的任何学生;接着群体 B 中的学生可以提出自己的解答并声称比 A 好,例如更简捷或更简单或更巧妙等,双方的学生都可以展开辩论。在质疑和辩论的过程中,群体 A 和群体 B 中的学生不断地提出自认为更好的解答,不断地对对方进行质疑,不断地为自己辩解,一直到最佳答案的确认,而最佳答案提出的群体即为获胜群体。显然,在这种形式的竞争中,"竞争"和"互动"有着很明显的体现。

三、有合作群体之间的竞争

相对来说,有合作群体之间的竞争在今天是比较普遍的,它是与小组合作学习在数学课堂教学中的广泛使用相关联的。不少教师在安排合作学习小组时,有意识地使得各小组之间的整体水平相差不大,即所谓的"组间同质",从而为合作学习小组之间的竞争做了准备。实施这种形式的竞争步骤如下:首先是教师布置问题和各同质小组的合作学习与解答问题,接着各个小组代表分别提出本小组的解答(也就是该小组所得到的最佳答案)。在这之后,各小组内进行一个简短的讨论,其目的是为了对这些不同的解答进行比较。然后,各小组代表对其他小组的问题解答进行质疑和对自己小组的解答进行辩解,在小组代表进行质疑或辩解时,同组成员也可以进行补充。最终,获得最佳解答的小组成为竞争的获胜者。有合作群体之间的竞争有一些其他形式的竞争所不具备的长处。首先,各个小组的整体水平相似,从而竞争就会更为公平。其次,由于合作学习小组之间的竞争是建立在小组合作学习的基础上,因而竞争会更有水平,争论也会更有深度。不但在竞争之前有小组的合作学习,在竞争过程中也同样有合作探讨,这种集小组全部力量所得出的结果比单个人经过思考所得到的结果显然更有水平。再次,由于是建立在小组合作基础上,因而这种竞争更能培养小组内成员的团结感。在该种形式的竞争中,"互动"不仅体现在不同小组成员之间,也体现在同一小组各成员之间。

竞争和冲突不是一个概念,但是竞争却有可能引起冲突。在数学课堂中,两个人或两个群体为某个问题的答案更好或有错误而进行激烈的辩解时,很容易会引起言语甚至肢体上的冲突。要避免数学课堂中的竞争恶化为冲突,除了教师要在竞争过程中做好监督和协调外,更重要的是竞争者要以符合"游戏规则"的方式竞争,对于那些违背"游戏规则"的竞争者,教师应该轻则批评警告,重则让其出局。

　　竞争是数学教学中的一部分,教师和学生在其中的角色仍然等同于一般的数学教学,即学生是数学学习的主体,教师是数学教学的主导。教师在竞争中的主导作用主要表现在三个方面:第一,教师给出适合的竞争问题。显然,并不是所有的问题都适用于竞争。用于不同竞争形式的问题,其难度也是不同的,如用于有合作群体之间竞争的问题应该比用于无合作群体之间竞争的问题难度要大。第二,教师在学生竞争过程中要做好监督和协调作用,保证竞争能够顺利地进行。第三,教师的角色不是竞争活动的裁判而是竞争活动的引导者。学生是竞争的主体,竞争中的是非对错以及最后最佳结果的确认都应该是学生自己互动的结果。

附录一 对高师数学师范生信念改变的思考

对数学教师信念的研究大致开始于 20 世纪 80 年代,粗略地可以把数学教师的信念分成对数学的信念和对数学教与学的信念,当然这二者之间也具有内在的联系(本文所说的"数学教学信念"包括"数学的信念"与"数学教与学的信念")。众多研究认为,数学教师的信念影响着他们的教学决策和行为。因而,师范院校数学系不但要让未来的数学教师掌握从事数学教学所需要的知识和技能,也要让他们形成合乎现代数学教学要求的信念,"这对所有教师教育者来说都是一个挑战"。

长期以来,在师范院校数学系的培养计划中所重视的是有关知识(如数学学科知识、数学教学知识等)的传授问题,而对于师范生的数学教学信念通常是很忽视的。由于教师信念对于其课堂教学的重要影响,因而对于师范生数学教学信念的忽视在当前数学教育改革的背景下其后果就显得较为严重,所以当前对这个问题的研究具有比较现实的意义。

一、一次对初入学师范生的信念问卷调查及其分析

2007 年 10 月,对合肥师范学院数学系的 2007 级新生进行了一次信念的问卷调查,其目的是要发现新入学师范生所具有的数学教学信念是什么以及这些信念与现代数学教育理念之间的差别,从而为有关的课程设置提供依据。为了方便学生回答,信念调查表采用判断题的形式进行,一共包括 17 道判断题,其中 1~6 题是考查数学信念的(如"数学知识并不是绝对真理"),7~12 题是考查数学学的信念的(如"对于一般人来说数学学习的作用是锻炼思维,正如有人所说的那样'数学是训练思维的体操'"),13~17 题是考查数学教的信念的(如"由于数学学习主要是通过个人的思维而实现的,因而不像其他学科那样需要合作学习")。调查是从173 名新生中随机抽取 100 名进行的。为了使得调查的结果更准确,在调查表上不要求学生写出自己的姓名,并且在学生填写调查表前特别强调这些题目本身并没有对错,要求学生对题目的判断完全根据自己对该问题的看法而决定。

对于数学知识,绝大多数被调查者认为数学知识是绝对真理,是与社会和文化无关的,是严格和准确的;对于数学学习,绝大多数被调查者认为记忆和做大量的数学题在数学学习中是很重要的,数学学习是通过思维而不是动手实践以及数学

学习主要是个体行为而不是合作学习;对于数学的教,绝大多数被调查者认为学习数学就是接受教师的数学知识传授,教师是数学的权威以及教科书是教学的唯一依据。

数学教学研究者(如 Ernest、Boaler 等)把数学教学分成两类,即传统的数学教学和改革的数学教学,并对它们的特征进行了刻画。而近年来许多国家数学教学改革的文件中也对这两类数学教学给出了界定,例如 NCTM 在《学校数学的课程与评价标准》等文件中就对改革的数学教学进行了说明:"强调问题解决和推理,围绕数学主题的交流,技术、可操作性材料以及小组学习的运用,教师要作为指导者、听者和观察者而不是权威与答案的提供者,学习要涉及各种反映生活实际的问题,要鼓励创造兴趣而弱化记忆和程序性的运算",等等。不妨将与传统数学教学相吻合的信念称为传统的数学教学信念,而将与改革的数学教学相吻合的信念称为现代的数学教学信念。显然,绝大多数被调查者所持有的是传统的数学教学信念。

需要说明的是,合肥师范学院是一所省属师范院校(二本院校),其学生来自全国各地,尽管调查的结果并不能完全反映所有高师院校数学系新生数学教学信念的情况,但应该具有一定的代表性。

师范生的数学教学信念是在其长期的数学学习过程中通过潜移默化而形成的。研究认为,当一个学生进入大学时,其信念就已经相当确定了。从上幼儿园一直到高中毕业,在这 13 年的时间中,由于数学课是最主要的学科之一,他们花费了大量的时间学习数学,正是这种长期的、被 Lortie 所称为的"观察的学徒"(Apprenticeship of Observation)期间,在与数学、数学教师以及同伴的接触中,他们逐步形成了相当稳定的对于数学、数学的学和数学的教的信念(系统)。在他们的内心中,他们会有对于诸如什么是数学、如何才能学好数学以及好的数学教师应该是什么样的等比较固定的主观认识。

长期以来,我国的数学课堂教学在相当程度上是一种传统的教学,这种传统的数学教学必然影响到学生对数学及其教学的信念,因而调查的结果并不令人感到意外。

二、数学课程改革与改变未来数学教师的信念

当前世界上许多国家和地区都在积极地进行数学教育改革,而我国正在进行的数学课程改革正是在这种大背景下对我国长期施行的、侧重于传统的数学教学转向更为现代的数学教学的一种努力,尽管改革中的一些做法值得商榷,但其中的许多观念却是与现代数学教育理论相符的。例如,对于数学,新课标认为"数学是人们生活、劳动和学习必不可少的工具""数学为其他科学提供了语言、思想和方法",等等;对于数学的学习,新课标提出"学生的数学学习内容应当是现实的、有意

义的、富有挑战性的,这些内容要有利于学生主动地进行观察、实验、猜想、验证、推理和交流等数学活动""有效的数学学习活动不能单纯地依赖模仿与记忆,动手实践、自主探索与合作交流是学习数学的重要方式",等等;对于数学的教,新课标指出"教师应激发学生的学习积极性,为学生提供充分从事数学活动的机会,帮助他们在自主探索和合作交流的过程中真正理解和掌握基本的数学知识和技能、数学思想和方法,获得广泛的数学活动经验""学生是数学学习的主人,教师是数学学习的组织者、引导者与合作者""要充分考虑计算器、计算机对数学学习内容和方式的影响,大力开发并向学生提供更为丰富的学习资源,使学生乐意并有更多精力投入到现实的、探索性的数学活动中去",等等。

数学教师是数学改革的执行者,由于教师的课堂行为受其信念的极大影响,因而改革能否顺利得以施行在很大程度上取决于数学教师的信念。今天的师范生就是明天的中小学教师,如果他们在走上工作岗位时并不具有现代数学教育所要求的信念,那么他们就难以适应新时期的教学工作,换句话说,改革就难以真正地被贯彻。前文的调查反映出新入学的数学师范生具有的数学教学信念与现代数学教育理念有着很大的差别,因此在数学教师的师范教育中就不能只着眼于他们的知识培养,同时也要着眼于他们数学教学信念的改变。正如 Richardson 和 Placier 在其论文中所说的那样:"对于改革背景下职前教师教育来说,如果要取得成功,他们需要做的不只是掌握数学教学的知识和方法,他们的信念也需要改变。"如果我们的师范教育不能改变这些未来的数学教师所持有的传统数学教学信念和初步地形成现代数学教学信念,那么当他们进入工作岗位时,就会在传统的信念指导下从事自己的教学工作,其结果可想而知。

和知识的改变不同,信念的改变并非易事,而是一个困难的和比较漫长的过程。一些研究认为,一个人的信念系统一旦形成,就会极端地抵制改变。因此,要改变师范生所持有的传统数学教学信念是不容易的。国外对职前数学教师信念改变有过不少的实证研究(如通过一门课程的教学),但总的说来,对师范生数学教学信念的改变是比较困难的,到目前为止似乎并没有一套容易操作的方法,这还有待于广大数学教师教育者的进一步探讨。

三、改变师范生数学教学信念的两个前提

虽然真正地对数学教师的数学教学信念的研究时间不长,但由于研究者在理论和实践两方面的努力已经取得不少的成果,使我们今天对数学教师的信念有了更深刻的理解。例如,由于信念是长时间形成的,因而对信念的改变也就不可能一蹴而就;再如信念一旦形成就比较稳定,要改变它们就不能光靠说教,而反思则是一个有效的方法,等等。改变数学师范生的数学教学信念就应该吸取这些已有的

研究成果,借鉴国外的成功案例,同时结合我国师范数学教育的实际,摸索出一套具有一定可操作性的做法。我们认为,要真正地改变数学师范生传统的数学教学信念,对于高师院校数学系来说需要满足两个前提。

1. 要充分认识到培养师范生正确数学教学信念的重要性、艰巨性和长期性

在我国师范院校的教师教育中,一向强调的是师范生知识和技能的掌握,几乎没有考虑到师范生的信念问题。如果没有数学课程改革,那么这个问题并不突出。实际上,国际上对数学教师信念的研究正是伴随着国际范围内大规模的数学教育改革而产生和深入的。通过对教师信念的研究揭示出其在教学中的重要性,因而在当前数学课程改革的背景下,我们必须在师范教育中考虑未来数学教师的数学教学信念问题。一个数学师范生走上工作岗位时却持有与改革要求大相径庭的数学教学信念,尽管他具有丰富的知识,也不可能真正地以改革的要求进行教学工作。可以说,如果师范院校不能改变师范生传统的数学教学信念并进而形成初步的现代数学教学信念,那么从师范生方面讲,他在毕业后不能算是一名合格的数学教师,从师范院校来说,则是没有完成培养合格数学教师的任务。如果说以往的师范教育着眼于知识和技能的培养,那么现在的师范教育就应该从知识、技能和信念这三个方面来对师范生进行培养。师范院校的数学系必须认识到改变师范生传统数学教学信念的重要性,要把对师范生信念的重视程度提高到与知识和技能同样的重视高度。为此,要把信念的改变纳入到培养计划之中并切实在教学中实施。

研究表明,个体的信念系统一旦形成就会相当稳定,并且会在一定程度上抵制外界对其的改变,因而对于数学师范生信念的改变也将是一个艰巨的任务。信念和知识的形成不同,前者的形成是长期的而后者的形成是短暂的。由于信念的顽固性,因此不可能在短时间内加以改变。1999 年,Vacc 和 Bright 对 34 名职前教师做了教学信念的调查,在第一年的调查中发现这些职前教师的教学信念几乎没有什么改变,只是到了第二年他们的教学信念才比较明显地发生变化。要从传统的数学教学信念转变成现代数学教学信念,师范生要经过诸如实践、检查、反思、怀疑、反复、确信等一系列过程才能形成,因此在师范教育中对师范生信念的培养就要有充分的时间做保证。

2. 师范院校数学系的教师本身应该具有与现代数学教育相适应的数学教学信念

在师范院校数学系的知识教学中,各门课程提供给师范生不同的知识。例如,各高等数学专业课(如数学分析和高等代数等)提供高等数学知识,初等数学研究提供与中小学数学教学相关的初等数学知识,教材教法提供关于数学教学的知识,数学教育心理学提供学生数学学习心理的知识,等等。但数学教学信念不大可能通过一个特别的课程来加以培养。师范生所学的每一门课程都应该成为他们改变传统数学教学信念以及形成现代数学教学信念的途径,每个教师都应该是师范生正确数学教学信念培养的指导者。每个教师都应该根据本门课程的实际,通过教学内容的选择和一定教学方法的使用来影响学生的数学教学信念。

　　一般来说,师范院校数学系的课程可以分成两大类,一类是数学专业类课程,另一类是数学教育类课程。一个可能的误解是培养师范生的数学教学信念应该是数学教育类课程的任务而与数学专业类课程的教学无关。但实际上数学专业类课程的教学对于师范生数学教学信念的影响也是不可忽视的。有研究者指出,数学家(包括高师院校的数学专业教师)对中小学数学教学的影响是通过两个途径来实现的,其一是直接参与数学课程改革,其二就是通过自己对师范生的数学教学而影响他们的数学信念,从而间接地影响到他们未来要进行的中小学数学教学。数学专业课程的教学可以极大地影响到师范生的数学信念,一方面数学信念本身就是数学教学信念的重要成分,另一方面数学信念也会在一定程度上影响其对于数学教与学的信念。教师的数学信念对于其数学教学的影响已经被广泛地认可,"那么,问题就不是什么是最好的教学方法而是数学究竟是什么……如果不能明确数学的本质,那么教的问题就不能得到解决"。并且,由于在数学系所开设的课程中数学专业类课程课时多(远远多于数学教育类课程),从而使得这种影响更为突出。数学教育类课程由于与中小学数学教学直接相关,因而在培育师范生正确的数学教学信念上自然也应该发挥更大的作用。不过,无论是数学专业类课程还是数学教育类课程,要想在教学中起到培养师范生形成正确的数学教学信念的作用,必须要使这些课程教学本身与现代数学教育理念相符合,这样才会取得效果。在当前改革的背景下,不少数学教育类课程的教师都在不同程度上对数学教育类课程的内容和教学进行变革,使之更贴近现代数学教育理念,从而对于师范生正确教学信念的形成起到一定的作用。但需要强调的是,由于存在着课时比较少等原因,使得这类课程对于师范生形成正确的数学教学信念所产生的影响受到了一定的限制。再看数学专业类课程的教学,一个事实是,中小学数学课程改革似乎对于数学专业类课程及其教师没有产生任何的影响。数学专业类课程的教师可能会认为,中小学数学课程改革与他们的高等数学教学没有关系。因此,数学专业类课程的教学并不因为中小学数学课程改革而产生丝毫的变化,从而也就没有在培养学生正确的数学教学信念中发挥出应有的作用。

　　一个进一步的问题是,师范院校数学系的课程教学与现代数学教育理念相符合的内在条件是什么?我们认为最重要的条件就是这些课程的教师所持有的数学教学信念应该与现代数学教育理念相一致。对于数学教育类课程的教师来说,由于他们主要从事的是数学教学研究工作,而数学教学研究比起实际的中小学数学教学通常有很大的超前性,因而他们往往具有更为现代的数学教学信念。而数学专业教师就不同了,有些研究指出,大学数学教师通常持有的数学信念与现代数学课程改革的理念往往有很大的差距。例如,从一些对大学数学教师数学信念的研究看,他们通常持有的数学信念包括:数学是不依赖于人意识的客观存在;数学所研究的是公理系统,是抽象的结构;数学的特点是严格、准确,具有严密的逻辑性,特别注重演绎推理;数学的学习和研究主要是个体的行为等。这些数学信念实际上与源自于欧洲的传统数学观念是一致的,而现代数学哲学以及数学的社会文化理论等研究已证明这些传统的数学观念是不准确的,如现代数学哲学认为数学并非是绝对的真理而具有可误性和拟经验性。

如果我们希望师范生能够形成符合现代数学教育理念的数学教学信念,就必须要求包括数学专业课程教师和数学教育课程教师本身能够改变自己传统的数学教学信念,能够以与现代数学教育理念相一致的数学教学信念从事教学。否则,我们很难指望通过这些课程的教学形成师范生正确的数学教学信念。

(本论文发表于 2010 年 4 月《数学教育学报》)

附录二　社会视角下对学生数学教学信念的研究

　　数学教育的社会研究出现在 20 世纪 80 年代末期,至今不过才 20 年的时间,但其影响日趋增大,已经成为数学教学研究的重要范式之一。根据 Lerman 的观点,数学教育社会研究范式的一个基本思想就是它把数学教育中的意义、思想和根据都看成是社会实践活动的结果。

　　对学生数学教学信念研究出现的时间和数学教育社会研究出现的时间大致相同,因而它也是一个相当新的数学教学研究领域。所谓学生数学教学信念,简单地说,就是学生对于数学以及数学教学相关方面的明确的(Explicit)和隐含的(Implicit)主观认识。

　　传统的对学生数学教学信念的研究一般是从心理学的角度进行的。例如,Mcleod 是从情感角度来研究学生的数学教学信念的,而 Kloosterman 则是从动机角度来研究学生的数学教学信念。到目前为止,还没有出现明确地从社会视角来对学生数学教学信念进行探讨的研究。

　　本文试图从社会的角度对学生的数学教学信念进行研究,在结构上可分成三个部分,分别是学生数学教学信念的形成以及划分、学生数学教学信念的发展、数学课程改革与学生的数学教学信念。

一、学生数学教学信念的形成以及划分

　　从社会的角度看,学生的数学教学信念是在其数学课堂教学的社会活动中逐步形成的。因而,学生的数学教学信念必然是他们对于与数学教学活动中相关成分以及它们之间关系的主观认识,这样就涉及到数学课堂的结构组成。所谓的数学课堂结构是指数学课堂的构成成分以及这些成分之间的关系。数学课堂的最基本构成成分自然应该包括学校数学、教师和学生,但是它们之间的关系是什么样的? Begle(1961)曾给出了学校数学教育的一个图表用来说明相关成分之间的关系,在图表中,他将学校数学、教师和学生与学校教育之间建立了联系,但是却没有明确地给出这三个成分之间的关系。从社会的角度看,数学课堂就是教师与学生、学生与学生之间的相互作用,而学校数学是教师与学生以及学生与学生之间相互作用的中介。数学课堂教学就是教师与学生、学生与学生之间的相互作用。数学

知识和技能存在于师生的社会实践活动之中,因而,没有了师生参与的社会实践活动,数学的学习就难以进行。而无论是教师和学生之间的相互作用,还是学生和学生之间的相互作用,都是通过数学这个中介而进行的,否则这些相互作用就会失去意义。

对学生数学教学信念的分类是指从一定的角度出发将信念进行划分,这通常是对学生数学教学信念研究的起点和最重要的部分。Underhil 把学生的数学教学信念分成四个部分:对于作为一门学科的数学的信念、对于数学学习的信念、对于数学教的信念和对于自我的信念。Mcleod 从情感的角度认为,学生的数学教学信念包括关于数学的信念、关于自我的信念、关于教的信念和关于社会情境的信念。Kloosterman 把 Mcleod 划分的数学教学信念的四个部分整合成两个部分,即关于数学的信念和关于数学学习的信念,并且进一步把关于数学学习的信念又细分成三个小的部分:对于自我的信念、对于教师角色的信念和其他的关于数学学习的信念。在综合已有的信念分类的基础上,Peter Op't Eynde 等人提出了一个最新的信念分类,他们把学生所持有的数学教学信念分成三个大类:对于数学教育的信念(包括对于数学的信念、对于数学学习和问题解决的信念以及对于数学教的信念)、对于自我的信念(包括自我效能的信念、控制的信念、任务价值的信念和目标定向的信念)、关于社会情境的信念,后者又包括两个部分,即对于课堂中社会规范的信念(包括对于教师的角色和作用的信念以及对于学生的角色和作用的信念)和对于课堂中数学社会规范的信念。

从以上对学生数学教学信念分类的研究历史中可以看到,一些研究者(特别是 Peter Op't Eynde 等人)已经在其研究中给予了社会因素一定程度的重视,但是现有的这些研究还不是完全从社会角度来对学生所持有的数学教学信念进行探讨的。

由前文的分析可知,学生的数学教学信念是在数学课堂中,在学校数学的中介下,在与同学和教师的相互作用中逐步形成的对于数学、数学教学以及相关方面的主观认识。由此出发,可以把学生的数学教学信念分成如下几部分:对于作为活动中介的学校数学的信念、对于课堂活动中自我的信念、对于课堂活动中教师和学生角色的信念、对于课堂活动以及活动中社会规范和数学社会规范的信念。

(1)对于作为活动中介的学校数学的信念。这是指学生对于学校数学本质的认识。例如,"数学就是各种运算""数学是符号的游戏,它与真正的问题解决是没有关系的",等等。

(2)对于活动中自我的信念。这是指学生对于在所参与的数学活动中自我的认识,它包括诸如在数学活动中自己的地位和作用、活动中的自信心、对自己在活动中完成数学任务的效能等的信念。例如,"和其他同学相比,我的数学能力不高""我有信心解决最困难的数学问题",等等。

（3）对于活动中教师与学生角色的信念。这是指学生对于在数学活动中教师和学生扮演着什么样的角色和起到什么样的作用的认识。例如，"数学教师就是传授数学知识并且核实学生已经接受了这些知识""教师是帮助学生学习数学知识的""学生就是要记住教师所传授的知识"。

（4）对于活动以及活动中社会规范和数学社会规范的信念。这是学生对于数学活动本身以及在活动中教师与学生、学生与学生之间进行相互作用时所应该遵守的规范的认识，其中社会规范所强调的是在师生的一般社会活动中所应该遵守的规范，而数学社会规范则特别强调了数学活动中应该遵守的规范。例如，"合作学习更有利于我们对数学的理解"就是对于数学活动的认识，"在活动中某个同学出现错误是正常的，不应该因此而取笑该同学""当同学在阐述自己对问题的理解时，其他同学应该认真地听""如果学生在学习中有困难的话，教师应该给予帮助，直到该学生理解为止""如果有不同的意见，应该提出来"等，这些都属于对于活动中社会规范的信念，而什么可以算作一个不同的解答或者什么可以算作一个可以接受的解释则属于数学社会规范的信念。

学生数学教学信念的四个方面并不是相互独立的，而是有内在联系的，它们共同构成了学生数学教学的信念系统。在这四个信念中，对于活动以及活动中社会规范和数学社会规范的信念处于最外层，对于自我的信念以及对于活动中教师与学生角色的信念处于中间，而对于学校数学的信念则处于最深层次。他们之间的内在联系主要表现在外层次的信念影响着内层次信念的形成，而内层次信念一旦形成会反过来影响到外层次的信念（见附图2.1）。

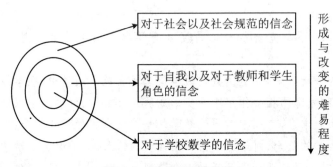

附图 2.1　学生数学教学信念

学生一开始进入数学课堂，首先要参与课堂中的社会活动，并且在活动中要遵守一定的规范。随着对数学社会活动的参与增多，学生会逐步地对活动中的自我以及活动中教师与学生的角色有所认识，而他们对于学校数学本质的认识则是在较长时间的数学活动参与中缓慢地形成的。因而，学生所形成的数学教学的信念实际上是长期的数学课堂社会实践的产物。

应该说明的是，这些信念中的大多数实际上都被一些研究者探讨过，例如，

Peter Op't Eynde 等人对于数学活动中社会规范以及数学社会规范的信念进行过探讨,而学生对于数学的信念更是被几乎所有的研究者所涉及。但是,本文所提出的四个学生所持有的数学教学信念是从社会的视角下提出的,而不是对于他人所提出信念的简单罗列,因而与他人对学生数学教学信念的划分并不一致,有的信念(如对社会活动的信念)是在别的研究视角下难以提出的。更重要的是,本文所提出的学生所持数学教学信念系统的每一个都特别强调了数学课堂教学的社会活动,因而,即使是名称相同的信念,侧重点也是不一样的。例如,Underhill 和 Mcleod 等人对于自我信念的研究,本文中所提出的自我信念侧重点在于学生在数学课堂社会活动中的自我认识。

二、学生数学教学信念的发展

从社会观点看,学生的数学教学信念是在数学课堂教学的社会活动中产生和发展的。在初次的对于数学课堂活动的参与中,学生形成了对于学校数学、对于自我、对于师生角色以及对于活动规范的初步认识。正如 Gilbert 所说,人们在一开始总是无批判地接受和相信所看到的和听到的。但是在以后的数学课堂活动中,当学生所遇到的情境发生了变化,学生所参与的是一种新的社会活动,那么这种新的活动会与学生已有的信念产生冲突,这将导致学生对自己已有的信念产生疑问并进而对此进行有意识的调整。因而,学生的数学教学信念是在数学课堂的社会活动中不断建构和重构的结果,无论是信念的建构还是重构都离不开数学社会活动。

不少研究者都认为,学生所具有的数学教学信念会对于其数学学习有直接的、重要的影响,实际上这也是相关研究文献中对于学生所具有数学教学信念的基本假设。本文也采用这样的基本假设,即认为学生所具有的数学教学信念会影响到其在数学课堂社会活动中的行为。这样,一方面,学生所具有的数学教学信念影响着他在数学课堂社会活动中的行为;另一方面,学生的数学教学信念是在数学课堂的社会活动中形成的,数学课堂的社会活动影响着学生数学教学信念的形成,这样数学课堂的社会活动和学生的数学教学信念之间就构成了一种辩证的关系。

不同的数学课堂教学方式确定了不同的数学社会活动。在传统的数学课堂教学方式下,教师对学校数学知识进行讲解和演示,学生则倾向于被动地接受知识,学习主要是学习者个体的事情,这种教学方式确定了相应的数学课堂中的社会活动;而现代数学教学要求采取个体探究、合作学习等多种教学方式,教师从知识传授者转变为学生发展的促进者,从教室空间支配者的权威地位向数学学习活动的组织者、引导者和合作者的角色转变,这样的教学方式必然要有相应的数学课堂社会活动与之相适应。由于学生的数学教学信念是在一定的数学社会活动中逐步形成的,因而也就必然可以得出学生的数学教学信念是与一定的数学课堂教学方式相适应的,不同的数学课堂教学方式会形成与之相适应的数学教学信念。学生长期在一定的数学课堂教学方式下学习,就会逐步形成相应的数学教学信念,这些信念一旦形成,反过来又会促进与之相适应的数学课堂教学活动。学生在某种数学课堂教学方式下学习的时间越久,相应的数学教学信念就越稳固,要改变就越困难。

当前世界上许多国家和地区都在进行着不同程度的数学教学改革,我国目前正施行的数学课程改革就是一个典型。数学教学改革是在一定的、新的理念指导下进行的,是对于传统数学教学的变革,而这种变革往往通过数学课堂教学中的社会活动体现出来。由于学生所持有的数学教学信念与数学课堂中社会活动之间的关系,因而就必然要求学生所持有的与传统的数学教学方式相适应的数学教学信念应该加以改变,从而形成改革所要求的数学教学信念。数学教学改革客观上要求学生改变原有的数学教学信念。

要改变学生在长期的数学社会活动中所形成的数学教学信念是很不容易的。许多研究者指出,学生所持有的数学教学信念具有相当的顽固性,正如著名的数学教学研究者 Frank K. Lester Jr. 所说的:"信念是异常顽固地抵制改变,甚至在面临相反的压倒性的证据时也是这样的。"如果学生所持有的旧的数学教学信念不改变,那么学生就会在自己已有的信念框架下对新的数学课堂教学进行理解,从而表现出在一定程度上抵制或曲解新的数学课堂中的社会活动,这显然不利于数学教学改革的进行。学生所持有的数学教学信念的顽固性,给数学教学改革带来了不利的影响,成为改革的一种潜在的障碍,这已经成为不少研究者的共识。如何改变学生旧的数学教学信念? 从社会的角度看,由于学生的数学教学信念是在数学课堂的社会活动中形成的,因而要改变旧的信念和形成新的改革所要求的信念也必须从数学课堂社会活动入手。数学课堂社会活动以及社会活动规范的信念处于信念系统的最外层,它们是最容易形成的,而处于信念系统核心的对于学校数学的信念的形成是最困难的,需要经过长期的对于数学教学活动的参与逐步形成。最易形成的信念也是最容易改变的,最难形成的信念则是最难改变的。因而要改变学生对于学校数学的信念是非常困难的,相对来说要改变学生对于数学课堂中社会活动以及社会活动规范的信念则要容易得多。教师可以通过建立新的数学课堂中社会活动以及活动中的规范,在新的活动中使得学生逐步形成对自我的以及对教学社会活动中学生和教师的角色的新的认识,最终形成对于数学本质的新认识,从而完成对旧的数学教学信念的改变以及形成新的数学教学信念。

三、数学课程改革与学生的数学教学信念

当前我国正在进行的数学课程改革是对传统数学教学的重要变革,它对学校

数学、教师和学生在课堂教学中的角色以及课堂社会活动等都提出了新的要求。"(使学生)认识到数学与人和现实生活之间的密切联系……贴近学生熟悉的现实生活……使生活和数学融为一体""(数学课程的内容)应当是现实的、有意义的、富有挑战性的,这些内容要有利于学生主动地进行观察、实验、猜测、验证、推理和交流""动手实践、自主探索和合作交流是学生学习的重要方式""学生是学习的主人,教师是数学学习的组织者、引导者和合作者",等等。要使这些新课标的要求落实到数学课堂中,就必然要对传统的数学课堂教学进行变革。而要形成基于新课标的数学课堂教学,由于信念与行为之间所存在的关系,就必须要求学生形成基于新课标的数学教学信念,因此,使得学生形成基于新课标的数学教学信念对于当前的课程改革来说,其重要性是不可忽视的。

在数学课程改革的背景下如何使学生养成符合改革要求的数学教学信念?从前面的分析中可以得知,由于学生对于课堂中社会活动及其规范的信念是他们信念系统的最外层,也是相对来说最容易改变的信念,因此,通过建立与新课标要求一致的社会活动及其规范,使之逐步影响到学生对于活动中自我的信念以及对于教师和学生角色的信念,并进而最终影响到学生对学校数学本质的正确认识,这应该是改变学生旧有的数学教学信念和形成基于新课标的数学教学信念的基本途径。教师应该明确的是,信念是由学生在数学课堂的社会活动的参与中潜移默化地形成的,所以要从设置适当的数学课堂活动入手,使学生在活动的参与中逐步地形成基于新课标的数学教学信念,而不应该是通过说教的方法来实现对学生数学教学信念的改变。当然,要在数学课堂中建立与新课标要求相一致的数学社会活动以及规范并非易事。首先,要求教师本人应该对新课程理念有准确的理解,只有这样,他们才能把握什么是合适的社会活动以及应该有什么样的社会活动规范。其次,在建立符合新课标的社会活动及其规范中,教师应该发挥主动性,因为只有教师理解新课标,清楚新课标对于数学教学活动的要求。但是教师发挥主动性并不意味着在建立课堂社会活动及其规范时采取强制的方法,要使得学生明确为什么在数学教学中应该采用新的社会活动方式,这些活动方式对于数学学习有什么意义以及在活动中为什么要遵守一定的规范。最后,教师应该采取逐步建立的方式。习惯于传统数学课堂社会活动的学生,不应该要求他们在很短时间内完全抛弃习惯了的课堂社会活动而立刻进入一种全新的课堂活动中进行数学学习。正确的做法应该是以逐步和渐进的方式建立新的数学课堂社会活动。我们相信,当学生习惯了新课标所要求的社会活动及其规范,在对新活动的参与中,他们将对自我以及教师和学生在活动中的角色有新的认识,并逐步形成对学校数学本质的新看法,从而最终形成符合新课标要求的数学教学信念。

(本文发表于 2007 年 8 月《数学教育学报》)

附录三 论教师的信念与数学教学改革

20 世纪 70 年代,随着认知科学的发展,对教师信念的大规模研究开始出现。但直到 80 年代,数学教学研究者才开始对数学教师的信念进行研究,因此它实际上还是一个比较新的研究领域。数学教师的信念,简单地说,就是数学教师对于数学和数学教学的信念。对数学教师信念的研究,在过去二十多年的时间中已经取得了令人瞩目的成果,这些研究成果极大地丰富了我们对于数学教师的教学行为以及数学教育本身的理解。

由于数学对于促进科学技术的发展以及在提高公民素质上的巨大作用,无论是发达国家还是发展中国家都在进行数学教学改革,这种现象从 20 世纪 80 年代起变得尤为明显。可以说,数学教学改革是当前国际数学教育中的主旋律。各国无不把数学教学改革的成功与国家或个人的前途命运联系在一起。正如 NCTM 在《Principles and Standards for School Mathematics》中所说的:"在这个变化的世界中,那些理解并且能够做数学的人将会有更多的机会和选择来塑造其未来。在数学上的能力将为美好的前途打开大门,而数学能力的缺乏会使得这些门永远地关上。"

本文将对数学教师的信念与数学教学改革之间的关系进行探讨,可分为四个部分:第一部分主要对数学教师的信念与其教学行为之间的关系进行分析,从而突出了数学教师的信念对于数学教学的重要性;第二部分阐明了教师的信念与当前数学教学改革理念之间的不一致,从而说明了改变教师信念是必要的;第三部分认为教师信念的改变虽然困难但是是有可能的,并且提出了改变传统继续教育模式以促进教师信念的改变;最后一部分是对有关问题的进一步思考。

一、数学教师信念与其教学行为

数学教师的信念包括对于数学的信念和对于数学教学的信念,因此,探讨数学教师信念对于其教学行为的影响应该从这两个方面来进行。

数学教师对于数学的信念会在很大程度上影响其在教学中的行为。数学教师的数学信念就是对于数学本质的认识。对于教师的数学信念的分类,比较典型的有如下几种:第一种分类是 Ernest 给出的,他从数学哲学角度和对一些数学教学研究文献的分析出发,认为教师的数学信念可以分为问题解决观(the Problem-Solving View)、柏拉图主义观(the Platonist View)和工具主义观(the Instrumentalist View);第二种分类是 Lerman 给出的,他主要是从数学哲学出发,认为教师的数学信念可以分为绝对主义观(the Absolutist View)和可误主义观(the Fallibilist View);第三种分类是 Copes 给出的,提出的根据是 Perry 的理论,他认为教师的数学信念可以分成绝对主义(Absolutism)、多样主义(Multiplism)、相对主义(Relativism)和动态主义(Dynamism);第四种分类是 Skemp 提出的,他从 Mellin Olsen 所提出的"相关理解"和"工具理解"出发,提出了相关数学(Relational Mathematics)和工具数学(Instrumental Mathematics)。对于教师所持有的数学信念,众多的实证研究都已表明:它们与教师的教学行为之间有相当直接的关系。这些研究大多发生在 20 世纪 80 年代,其中比较典型的有 Thompson、Kesler 以及 Mc-Galliard 所做的研究。正如 Thompson 所说的:"尽管在观念和实践之间关系的复杂性挑战着原因和结果的简单性,教师教学着重点的大多数对比都可以由他们对于数学的主要观念来做解释。"在 20 世纪 80 年代后,也有一些类似的研究支持这种教师的数学信念与教学行为直接相关的观点,如 Knuth 在 2002 年的研究中得出了"教师对于数学中证明的信念会直接影响到其对于证明的教学"的观点。

数学教师对于数学教学的信念也会在很大程度上影响其在教学中的行为。数学教学的信念是教师对于与数学教学相关方面的内在认识,包括诸如教师和学生在教学中的角色、什么样的教学方法是好的、在教学中应该强调的是什么、什么样的数学学习方法是有效的、什么样的教学结果是可接受的、不同性别的学生在数学学习上有什么样的差异等。教师对于数学的信念与其对于数学教学的信念之间存在着一定的关系,特别是与其对于教的信念之间的关系更为密切,这已经被一些研究者的研究所证实(如 Copes、Lerman 和 Thompson 等人的研究)。Kuhs 和 Ball 确定了四种数学教学的信念,它们分别是聚焦于学习者(Learner-Focused)的教学信念、聚焦于内容同时着重概念理解(Content-Focused with an Emphasis on Conceptual Understanding)的教学信念、聚焦于内容同时着重成就(Content-Focused with an Emphasis on Performance)的教学信念以及聚焦于课堂(Classroom-Focused)的教学信念。

其中聚焦于学习者的教学信念是具有典型建构主义观点的教学信念,因而,它也是被当前包括美国在内的西方数学教学改革所特别提倡的教学信念。20 世纪 70 年代和 80 年代,研究者们发现教师对于数学教学的信念与其教学行为的关系是难以确定的,一些研究者的报告表明教师的数学教学信念与其教学行为之间有密切的关系,而另外的一些研究者报告则表明二者之间并没有明显的关系。但最近的一些研究认为,教师的数学教学信念在很大程度上确定了其教学行为。研究认为,造成二者之间不一致的原因有两个:其一是确定教师教学行为的除了其对于数学教学的信念外,还有其他的一些因素,如教学的社会环境、政治环境以及教师本身的数学知识等;另外一个原因是以前的研究中一般把教师口头上承认的信念作为其实际所持有的信念,而实际上教师口头所承认的对于数学教学的信念与其真正持有的信念之间往往存在着很大的不一致。

数学教师的信念是在其长期数学学习、师范教育和教学实践中逐步形成的,特别地,长期的学校数学学习在教师信念的形成中扮演着极为重要的作用。由于教师的信念是教师对于数学以及数学教学的内在认识,把它们比作过滤器是恰当的。教师无论是看待数学教学的各种现象还是进行实际的数学教学工作,都会不自觉地透过自己所持有的信念来看待问题以及指导自己的工作。因而教师的信念必然会在很大程度上塑形着教师的数学教学观和实际的数学教学行为。

总体来说,数学教师的信念在很大程度上决定了其在课堂教学中的行为,因此,数学教师的信念在数学教学中具有极其重要的地位。要理解学生的数学学习,就必须要理解教师的课堂教学行为,而要理解教师的课堂教学行为,教师的信念则是必须要考虑的最重要的因素之一。忽视对教师信念的研究,就不可能真正地理解整个数学教学。

二、教师信念与数学教学改革

由以上分析可知,由于教师的信念在很大程度上决定了其课堂教学中的行为,实际上也就在很大程度上决定了数学教学。这样,一定的数学教学在一定程度上是与教师的信念相对应的,教师有什么样的信念就会在一定程度上表现出什么样的数学教学。

由于传统的数学教学在很多方面不能适应社会的发展,因而对传统的数学教学改革实际上已经成为当前的一种国际性运动。数学教学改革主要是从三个方面来进行改革,即内容、教学和评价。对于这三方面改革的基本出发点则体现在一个国家的数学教学改革基本理念中,关于这一点无论是从美国的学校数学课程标准、韩国的面向21世纪基础数学课程还是我国的新课标上都可以清楚地看出。各个国家的数学教学改革,尽管由于社会、文化和科技发展水平等原因而有所不同,但是其共同点是主要的,例如在教学内容上更多地引进一些现代的数学思想和内容,更为贴近当代社会生活所需要的一些内容,精简和改造一些传统的内容,现代技术在数学中得到更多的运用等。

数学教学改革的关键在于教师,也即是说教师在数学教学改革中的作用是具有决定性的。这是由于无论数学教学改革的理念是多么的先进和合理,但课程最终要由教师来实施。只有教师把改革的思想具体化到课堂教学中,真正地按照新的课程标准进行教学,改革才有可能取得成功。如果教师并不能真正地把新的理念落实到具体的教学中,那么其结果可想而知。因此,应该要承认教师在数学教学改革中的关键作用,而这又必然要求调动教师参与改革的积极性,使得教师满腔热情地投入到改革之中,但只做到这一点还是不够的。要使得教师真正地把新的改革理念落实到课堂教学之中,一个根本的前提就是要使得教师所具有的信念与改革的理念相一致,也就是说,要使得教师对于数学与数学教学的内在认识符合数学教学改革的理念,如果不能做到这一点,那么改革就难以有效进行。

一个直接的问题是:数学教师的信念与当前数学教学改革的理念之间是否一致?一些调查研究和理论分析都可以说明,对于许多数学教师来说,这二者之间一般来说是不一致的。例如,通过对约 1000 名法国中学数学教师的书面陈述进行分析后,Nimier 得出了这些教师对于数学的信念大致可以分成四个维度:其一是美学维度,涉及数学的美与和谐;其二涉及规律和规则;其三是把数学看作是不涉及现实的游戏;其四是把数学看作是给定的不变的存在。而 Andrew 和 Hatch 对于 600 名英国中学数学教师的数学与数学教学信念的调查,则表明了持有绝对观的数学教师占有相当大的比例。显然,这两个调查中数学教师的信念与当前数学教学改革思想的差距是相当大的。理论的分析也可以说明数学教师的信念与当前数学教学改革的理念往往是不一致的。一方面,由于数学教师的信念主要是他们在长期的学校数学学习中逐步形成的,也即是说,他们的信念是在传统的数学教学环境下,通过与教师、同学和教学内容等相互作用而逐步形成的,因而其信念所反映的是传统的数学教学,尽管这种反映可能是不全面和不深刻的。另一方面,当前的数学教学改革是对传统数学教学思想的变革,因而当前改革所提出的思想在许多方面是全新的,是与传统的数学教学思想完全不同的。例如,在传统的数学教学中,熟练的运算技能在教学中占有特别重要的地位,但是在现代的数学教学中,由于现代技术的发展,熟练的运算技能已不再被特别强调了,取而代之的是对批判性的思维、问题解决等方面的重视。因此,教师所具有的信念往往与当前改革的理念是不一致的。

数学教师的信念与当前改革理念的不一致会使得改革的思想难以得到贯彻。由于当前数学教学改革的理念与教师的信念之间存在着不一致,因此教师往往认为改革的理念是不正确或不合适的。例如,改革的理念认为,在教学中学生应该有机会进行观察、提出猜想并进行证实,即对数学进行探索和发现;而教师往往认为,数学学习应该是理解和掌握已有的数学知识,发现和探究是数学家的工作,让学生花费大量的时间去发现数学家早就发现的知识是没有价值的。所以,教师通常会以自己的信念为标准去衡量数学教学改革的理念,而抵制那些与自己信念不一致的理念。在实际的教学中,由于被迫按照新的课程标准进行教学,所以,教师不得不虚与应付。从表面上看,特别是在主管的领导或部门进行检查的时候,教师似乎是在按照新的课程标准进行教学,例如让学生使用一些操作性材料、进行小组合作学习和进行数学的发现等,但这样的教学并非是在教师信念的指导下所进行的,这只是一种模仿或表演。而在平时的教学中,教师却还是坚守自己原有的信念进行着传统的数学教学。

三、改革与教师信念改变

由于教师陈旧的信念与当前数学教学改革思想是不相适应的,如果教师的信念不能改变以适应改革的思想,那么数学教学改革必然是难以取得成功的。因此,改变和重建数学教师的信念对于数学教学改革来说是非常必要的。这里有两个问题需要考虑,其一是教师的信念是否能够改变,其二是如何改变教师的信念。

首先看第一个问题,即教师的信念是否能够改变。对于信念研究的一个共识就是信念具有相当的"顽固"性,也就是它们具有难以改变的特性。不少研究认为,在教师接受正式的师范教育之前,这些未来的教师就已经形成了相当系统的数学和数学教学的信念,而这些信念往往在他们的教师生涯中一直得以保持。一般认为,信念的形成越早,要改变它就越困难,而教师的信念正是具有早期形成的特点,因而要改变起来就比较困难。师范教育虽然教授了师范生们在未来数学教学中所需要的丰富知识(包括数学知识和教学法知识等)和技能,但是在重建数学教学信念方面做得就不太充分了,这在国内外的情况大致是一样的,不少研究者的相关研究也都证明了这一点。

要改变教师的信念是困难的,但并不是不可能的。不少研究者指出,引起教师对当前实践的怀疑并促进教师的反思是改变教师信念的重要途径,一些实证的研究也证明了促进教师反思对于改变教师信念是行之有效的。因此,教师信念的改变尽管困难,但是可能的。

再看第二个问题,即如何改变教师的信念。改变教师的信念主要是通过继续教育而进行的,因此对这个问题的明确表述应该是如何通过继续教学来改变教师的信念。对教师的继续教育,尽管从内容和形式上看千差万别,但是它们都有着一个共同的目的,那就是改变教师在教学中的行为、改变他们的态度和信念以及促进学生的学习。传统的教师继续教育是从这样的思路进行设计的,即通过继续教育改变教师的信念。当教师改变了他们所持有的不正确的信念后,在新的信念引导下,他们就会改变其在课堂教学中的实践,并进而促进学生的学习。那么,这样的继续教育其效果如何呢? 不少学者(如 Cohen 和 Hill 在 1998 年和 2000 年的研究、Kennedy 在 1998 年的研究以及 Wang 等人在 1999 年的研究)在对大量的继续教育项目以及影响所进行的研究后得出这样的结论,即"绝大部分继续教育的项目都是无效的",从而说明了传统继续教育的设计思路是有问题的。如果对传统继续教育的设计思路进行分析就可以看出所存在的问题。传统的继续教育认为改变教师的信念,教师就可以在新信念的引导下改变其教学行为,这无疑是正确的,但是如何才能改变教师的信念?实际上,一般的继续教育是通过讲座的形式从理论上说明教师不应该具有什么样的信念,而应该具有什么样的信念,其道理是什么。传统的设计者认为这样做就可以改变教师的信念。从前文的分析中可以看出,这样做显然是难以改变教师信念的,它实际上犯了两个方面的错误,第一是忽视了信念改变的困难性,第二是没有认识到信念的改变主要是通过对实践的反思。试图通过简单的说教而不是通过促进教师对实践进行反思而改变教师的信念是难以成功的。

为了通过继续教育而有效地改变教师的信念,可以把传统的继续教育的设计模式进行一定的更改,那就是继续教育应该是让教师们学习一些具体的教学方法,如指导学生进行数学探究的方法、组织学生进行小组合作学习的方法、对学生的数学学习过程进行评价的方法(如档案袋评价)等。教师在学习这些具体的教学方法后,在其实际的教学中加以运用,当取得了很好的效果后,就会促进他对教学实践进行反思,从而认识到旧信念的不足之处,并进而形成新的信念。当教师形成了新的信念后,就会在教学中更自觉地改变自己的行为,从而更好地促进学生的数学学习。

四、进一步的思考

在本文的最后一部分,是对数学教学改革与教师信念中的两个问题进一步的思考。

首先,改革应该以教师信念的改变为条件。简单化的数学教学改革是起草改革的纲领文件,然后编写试验教材进行简单的试验,最后编写教材进行推广,从而完成改革。从教师信念的角度看,这种简单化的数学教学改革没有充分地考虑到教师在信念上的准备,往往使得教师还按照旧的信念来进行新课程的教学,这样的教学效果当然不能达到改革的要求。数学教学改革的前提应该是教师信念的改变,因此,只有在教师信念改变的前提下才能进行教学改革。这样教师的改变(包括信念、知识等)应该是首要的。在教师的信念已经有了改变后,教师本身也就有了改革的要求,这样的改革就是自下而上的改革。自下而上的改革由于是在教师有了知识和信念准备的基础上进行的,比起自上而下的改革,这种改革具有更大的成功可能性。

其次,应该认识到教师信念改变的困难。作为数学教学改革的主持者不但应该认识到教师信念的改变对于改革的重要性,也应该认识到在改变教师信念上存在的困难,这种困难表现在信念改变难以在短时间内发生,以及信念的改变主要是通过促进教师对于实践的反思而实现。绝不可以在让教师使用新的教材进行教学之前,通过几天说教式的培训而试图改变教师的信念,这是一种自欺欺人的做法,其效果是非常有限的,因为简单的说教可以改变教师的某些知识但难以改变其对于数学和数学教学的信念,遗憾的是国内外不少的数学教学改革都是采用这样的方式来试图改变教师信念的。

(本文发表于 2007 年 5 月《安徽教育学院学报》)

附录四　数学教学的社会观及其意义

数学教学观是指对数学教学的根本看法,这种看法是从一个特定的视角下对数学教学的审视。不同的数学教学观对数学教学往往有着不同的理解。传统上有两种主要的数学教学观,一种是数学教学的数学观,另一种是数学教学的心理学观。所谓数学教学的数学观是指从数学的角度来看待数学教学,在这种观点下,数学是数学教学的中心和出发点。这种观点下的数学教学追求的是数学知识的严密性、系统性和准确性等。而对学生如何学习数学、能否学好数学、用什么样的方法来使得学生更好地学习数学等没有给予更多的考虑。该观点下的学校数学被看成或几乎被看成是数学科学。而所谓数学教学的心理学观,则是指对学生学习数学的心理给予了特别的重视。该观点认为要弄清楚学生是如何学习数学的,学生学习数学的心理机制是什么,学生对一个(具体的)数学对象是如何思考的,等等,只有在清楚了学生是如何学习数学的基础上才能有针对性地进行教学,教学才能有很好的效果。那种不了解学生数学学习心理的教学是盲目的教学,在这种教学下的数学学习是难以成功的或起码是低效的。

在 20 世纪 80 年代末出现了数学教学研究的社会学转向,也就是说在数学教学研究中出现了对数学教育进行社会学的研究,受其影响,在数学教学中也出现了数学教学的社会观。简单地说,所谓数学教学的社会观就是把数学教学看成是社会活动的结果。以下,我们就对该观点进行介绍并进而探讨它对数学教学的影响。

一、数学教学社会观的主要思想

数学教学的社会观是把数学教育的社会学研究运用到具体的数学教学中来,它具有丰富的思想,主要表现在以下几点:

(1) 数学知识并不是简单地存在于人类头脑中的抽象概念,而是社会活动的产物。对数学知识的认识有着不同的观点。例如,古希腊哲学家柏拉图认为,数学是一种独立于人的意识之外的先天存在,它存在于理念世界(相对于现实世界)之中,是上帝的创造。柏拉图的学生亚里士多德则认为,数学是对现实世界抽象的结果。也就是说数学是人类的创造物,这种创造是建立在客观世界的基础上。到后来,数学哲学的三大学派(逻辑主义、直觉主义和形式主义)以及再后来的经验和拟经验的数学哲学观等都给了数学知识的存在解释。数学教学的社会观认为,数学知识是社会活动的产物,是社会活动决定了数学知识的产生、发展、形式和内容,没有社会活动就不会有数学。

(2) 学生所学习的学校数学不同于日常生活中的数学。数学教学的社会观认为数学学习具有社会文化的情境性,所学的数学知识与学生的社会文化情境是不可分割的。由于数学课堂中的社会文化情境与日常生活中的社会文化情境有着非常大的区别,因此学校数学与日常生活中的数学也就有着重大的区别。其区别表现在前者是正式的而后者是非正式的,前者是书面的而后者往往是口头的,前者具有很强的逻辑性而后者的逻辑性不强,等等。研究还发现,和学校数学相比,日常生活中的数学更能够解决问题。另外,学校数学在向日常生活数学的迁移中存在着巨大的困难。还有,学校数学学不好的学生往往能够在日常生活的数学学习中表现很好。

(3) 学生的社会文化背景影响着他们的数学学习。每个学生都是一个独特的存在,该存在表现为性别、民族、信仰、经济以及政治等方面的不同。不同的社会文化背景的学生在数学学习中的表现存在着区别。例如,在国外有大量的研究表明:在经济上处于劣势的群体,在数学学习上也同样处于劣势;白色人种在数学学习上的表现要优于有色人种等。

(4) 关注数学课堂教学中个体和群体之间的活动。这里的个体包括学生和教师(有人把学生和教师的集合称为小的数学家共同体),而群体既可以指整个班级,也可以指由若干学生组成的小集体。数学学习正是在这种个体与群体(社会)的相互活动中得以形成。个体与群体之间的活动是一种文化实践活动,而活动的结果导致了数学知识和其他的产生和复制。在课堂中,不同的社会实践活动对于不同的人有着不同的意义,他们对同样的实践活动的反应是不同的。一方面,不同的人在课堂的社会实践活动中具有的不同的位置。另一方面,课堂实践活动也可以造就一个人,进而确定他在所参与的活动中所处于的位置。

二、数学教学社会观对数学教学的启示

任何数学教学观都是从某个角度对数学教学的认识,因此任何数学教学观都会在一定程度上反映数学教学的某些本质。但由于是从某个角度认识的,因此任何数学教学观又必然是不全面的。数学教学的社会观是众多数学教学观中的一种,我们未必要接受该数学教学观的所有思想。但从前文所列举的该教学观的主要思想来看,它对于我们现在的数学教学无疑是具有一定启示作用的。但需要说明的是,以下所列举的并不是什么全新思想,而只是从新的角度即数学教学的社会角度来出发研究的。

1. 要改变传统的教学方式

传统的数学教学方式是"教师讲学生听",这实际上就把数学知识作为一种静态的、真理性的知识。数学教学的社会观认为,数学是社会活动的产物,它与社会文化有不可分割的关系,并且具有价值负载,因而数学知识不是静态的和真理性的知识,它是具有情境性的。所以,传统的传输式的教学方式是不可取的。代之以传统的传输式的数学教学,而采用更具活动性的教学方式,在活动中进行数学的教和学,才能学到真正的数学知识,所学的知识才能有效地应用到实际中去。

2. 因材施教

因材施教是我们数学教学的一个重要原则,在数学教学中因材施教是我们的一个基本要求。以前我们强调在数学教学中的因材施教一般是从心理学的角度提出来的,由于每个学生的数学认知水平的不同以及已有的数学认知结构的不同,所以在接受和理解数学知识上就必然存在着差异,所以在教学中应该施行因材施教。从数学教学的社会观出发,我们也同样可以得出在数学教学中应该因材施教。因为数学教学的社会观认为,每个人的社会文化背景是不同的,从社会文化背景上看,每个人是独一无二的,而不同的文化背景将会对他或她的数学学习产生很大的影响,因此从这个角度来说,教学中也应该因材施教。尽管我们提倡数学教学中要因材施教,但长期以来,在我们的实际数学课堂教学中并没有很好地做到因材施教,其原因可能是多方面的。客观的原因可能是班级学生太多不利于因材施教的施行,主观的原因可能是教师认识上的不足。由于从心理学和社会的角度都要求在数学教学中要因材施教,可见,因材施教在数学教学中的重要性,我们应该让广大的数学教师认识到这种重要性,在数学教学中创造条件进行因材施教。

3. 在教学中注意培养学生解决问题的能力

由于学校数学学习的社会文化环境与日常生活(这里的日常生活应该做广义的理解,它包括科学技术活动)的社会文化环境有很大的不同,而数学知识与学习的社会文化环境是不可分割的,这使得学校数学知识很难迁移到日常生活中,用来解决日常生活中的数学问题。能不能把在学校学到的数学知识用于解决实际问题,这是数学教育中的一个非常重要的问题,它直接涉及到数学教学的目标设计。尽管我们已经意识到这个问题的存在,并且已经在我们的数学教学目标中明确提出要培养学生解决问题的能力,但效果并不令人满意。因此,如何通过我们的数学课堂教学真正地培养学生的解决问题的能力是一个值得我们认真研究的问题。实际上在教学中已经有了一些举措,但显然是不够的。要想真正地解决这个问题,恐怕还要从设立有利于知识迁移的教学情境入手,在教学中涉及一些真正的问题(而不只是让学生只解决纯粹的数学问题或人工的问题)可能是一个可行的方法。

4. 让数学课堂教学成为一种促进学生学习的社会活动

在我们传统的数学教学中,活动是非常有限的。不但这种活动是单调的,而且学生参与的积极性也是不高的,这自然与传统的教学方式有关。根据 Lave 的观点,学习就是对活动的参与,没有活动的参与就没有学习。学生的数学学习就是通过参与课堂的社会活动,在活动中,数学学习得以实现。在营造课堂的社会活动中,教师的作用是关键的。维果斯基的学习理论是数学学习社会观的重要理论基础,从他的学习理论中的四个部分(即主体间、内化、媒介和最近发展区)都可以看到教师的作用。教师要设法使课堂的社会活动得以进行,而且还要最大限度地调动每个学生参与活动的积极性。

(本文发表于 2005 年 11 月《中学数学教学参考》)

附录五　学习共同体与课堂中的权力关系

　　教育的社会研究是近年来得到迅速发展的一个新的研究方向,并已获得教育界人士的普遍关注和肯定。相对于早期的教育社会学研究而言,新的研究应当说表现出了一些新的不同特点,特别是,如果说先前的研究所关注的主要是整体性的社会问题(如性别歧视、种族歧视等)在教育领域中的反映,那么新的研究就包含了更为丰富的内容,也即是从社会的视角对教育活动的方方面面,包括课堂中的教学和学习活动,进行了更为深入的研究。由于是一种新的不同视角,因此教育的社会研究就不仅揭示出教育领域中某些在先前被人们忽视的方面或环节,而且也对实际的教学活动包括课程改革的深入发展有着重要的促进和启示作用。

一、"课堂学习共同体"与学生在这一共同体中的身份

　　人总是作为共同体的一员从事活动的,并由此而获得了一定的身份;在共同体的不同成员之间也必定存在一定的互动。

1. 课堂学习共同体

　　由于著名科学哲学家库恩(T. Kuhn)的大力倡导,"共同体"的概念现已被科学家、社会学家和许多史学家所接受。以下是库恩关于"科学共同体"的一个解释:"一个科学共同体由同一学科专业领域中的科学工作者组成。在一种绝大多数其他领域无法比拟的程度上,他们都经受过近似的教育和专业训练。在这个过程中,他们都钻研过同样的技术文献,并从中获取许多同样的教益,通常这种标准文献的范围标出了一个科学学科的界限,每个科学共同体一般都有一个它自己的主题……科学共同体的成员把自己看作、并且别人也认为他们是唯一的去追求同一组共有的目标,包括训练他们接班人的人。在这种团体中,交流相当充分,专业判断也相当一致。另一方面,由于不同的科学共同体集中于不同的主题,不同团体之间的专业交流有时就十分吃力,并常常导致误解。"另外,与"科学共同体"相对照,由美国学者莱夫(J. Lave)和温格(E. Wenger)所给出的关于"实践共同体"的如下定义则可说明与我们所讨论的"学习共同体"有着更为紧密的联系:"'共同体'这一术语既不意味着一定要是共同在场、定义明确、相互认同的团体,也不意味着一定具有看得见的社会界线。它实际意味着在一个活动系统中的参与,参与者共享他们

对于该活动系统的理解,这种理解与他们所进行的该行动、该行动在他们生活中的意义以及对所在共同体的意义有关。”

综上可见,“共同体”未必是一个有形的组织,而主要是指因为某些因素(职业、民族、实践活动等)联系起来的一群人。进而,实际参与并具有关于应当如何去从事相关活动的基本相同的观念(信念)则又可以被看成是共同体成员最为重要的一个标志,尽管后者通常也未必得到了明确的表述,而只是一些共同的观念或信念,甚至仅仅表现为一些习惯性的活动(生活)方式。

应当指明的是,如果说所谓的“文化研究”(如“课堂文化”“东亚文化”等)关注的主要是上述的“共同信念”或“相同的工作(生活)方式”,也即共同体中不同成员之间的共同点,那么社会研究所主要关注的就是各个成员在共同体中的不同地位。例如,主要就是从后一角度去分析,人们提出了关于共同体“核心成员”与“边缘参与者”的区分:“边缘性参与关系到在社会世界的定位……边缘性是一个授权的位置;作为一个人受阻于充分参与的地方,从更为广泛的整个社会的观点看,它就是一个被剥夺权利的位置”;又“中心参与暗示着该共同体有一个中心,这个中心涉及个人在其中的位置”。

显然,依据以上的分析,我们也就可以对“课堂学习共同体”这一概念做出大致的“定义”:课堂学习共同体是指处于同一班级之中并共同从事学习活动的所有学生和教师;进而,这又可被看成关于课堂教学社会研究的一个重要内容,即是对于学习共同体中不同成员身份的具体分析或界定。

2. 学生在课堂学习共同体中的身份

以上的分析显然表明:就学校中的教学活动而言,我们不仅应当高度重视学生在认知方面的发展,而且也应注意他们由此而获得了怎样的身份。这也就如莱夫和温格所指出的:“学习意味着成为另一个人。”忽视了学习的这个方面就会忽略学习包括身份建构这个事实。

首先,所说的身份事实上是由多种因素决定的。例如,就学生的数学学习活动(与此相应的即是所谓的“数学学习共同体”)而言,我们就应注意区分他们的“数学性身份”和“非数学性(社会性)身份”。前者是指各个学生通过课堂中的数学学习所形成的身份,后者则是指个体与生俱来的以及通过家庭和大社会中的生活所获得的身份。进而说,各个学生在“数学学习共同体”中的身份在很大程度上就可被看成上述两种身份的加和。

其次,学生在课堂学习共同体中身份的形成又不应被看成一种纯粹被动的过程,恰恰相反,其中往往包括有主体的自我选择或自我定位。例如,由于在“共同体的合格成员”与学生心目中的“理想自我”这两者之间很可能存在较大的差距,因此,通过学习活动最终所发生的就既可能是“自我的丧失”,也可能是主体对于相应共同体的自我疏离。例如,按照鲍勒(J. Boaler)和格里诺(J. Greeno)的研究,在很多学生看来,传统的数学教学所要求的主要是(学生的)耐心、服从、韧性与承受挫折的能力(或者说,这就是学生关于"数学学习共同体合格成员"的实际定位),后者则又是与创造性、艺术性及人性直接相对立的——在鲍勒和格里诺看来,这也为以下的事实提供了解答:为什么在传统的教学模式下有这么多的学生(特别是女性)不喜欢数学,尽管他们未必是数学学习中的失败者,因为他们不能接受关于"数学学习共同体合格成员"的传统"定位",而更加倾向于创造性和艺术性等这样一些品质。

最后,学生在课堂学习共同体中的身份是可以变化的。事实上,在一些西方学者看来,我们可以从"身份的变化"这一角度对学习的本质做出适当的概括。具体地说,这就是所谓的"情境(学习)理论"的一个核心观点,即认为学习的本质就是指学习者由"合法的边缘参与者"逐步地演变成了相应共同体的"核心成员"。例如,在《情景学习:合法的边缘性参与》一书中,莱夫和温格就曾通过助产士、裁缝、海军舵手、屠夫和戒酒的酗酒者这样五个"学徒制"实例的分析,指明了学习与工作实践的不可分割性(非数学性身份正是所谓的"师徒实践共同体"的一个主要特征)以及学习的社会性质:学习就是参与到了相应的社会实践之中,并由"合法的边缘参与者"逐步演变成了相应共同体的"核心成员"。

3. 师徒实践共同体与课堂学习共同体

在所谓的"师徒实践共同体"与"课堂学习共同体"之间究竟存在什么样的区别? 笔者认为,首先如果说"师徒实践共同体"的一个明显特点就是学习活动与工作实践的不可分割性,师傅与徒弟都直接参与了相关产品的生产活动,那么学习共同体在这一方面就有很大的不同,特别是"课堂学习共同体"的一个主要任务就是要帮助学生掌握若干普遍性的而非某一特定工作所必需的基础知识和技能。进而,即便我们突出地强调了这些知识和技能的可应用性,但由于学生主要处于课堂这一特定情境,而非相关知识或技能的某个特定应用情境之中,因此,就后者而言,也就始终存在有知识和技能的"可迁移性"的问题,或者说,在学生的学习活动与他们未来的工作实践之间必定存在一定的距离。

其次,"课堂学习共同体"相对于"师徒实践共同体"而言,一方面可以说具有更大的变化性,特别是随着学生由小学逐步升入初中、高中,相应的班级成员特别是任课教师必定会发生一定的变化;但是就相应的权力关系而言,课堂学习共同体则又表现出了更大的稳定性,因为尽管共同体的成员组成可能有所变化,但在"课堂学习共同体"中占据核心地位的又始终是相关的教师(对此在第二节中还将做出进一步的分析),从而也就与学徒由"合法的边缘参与者"逐渐演变成为"核心成员"的情况有很大的不同。

综上可见,"由合法的边缘参与者向核心成员的转化"并不能被看成是准确地表明了"课堂学习"的本质。那种认为应当以"学徒制"为范例来对传统的课堂教学进行改造的观点则更不能被看成一种正确的主张；与后者相反，笔者以为，我们在此事实上应当更加注意与学生认知水平的发展相对应的如下的身份变化，其如何由"不自觉的学习者"（或者说"新手学习者"）逐步转化成了"自觉的学习者"（或者说"成熟的学习者"）。

例如，以下关于认知发展的常见模型显然也就可以被用于对学生通过课堂学习所逐步实现的身份变化做出具体分析：第一，"沉默和接受知识"阶段。在这一阶段中，学习主要表现为对他人所授予知识的被动接受。第二，"主观的知识"阶段。在这一阶段中，学习仍然主要表现为对他人所授予知识的被动接受，但学习者已经表现出了对他人的知识和权威的一定抵制，并更加愿意相信自己的直觉。第三，"程序的知识"阶段。在这一阶段，学习者已不再被他人所压制，不再把他人看成为不可怀疑的权威，并能按照一定的程序或标准对相关知识的可靠性做出检验。第四，"建构的认识"阶段。在这一阶段，学习者已成为了真正自治的认识者。

更为一般地说，笔者以为，这又可以被看成课堂教学的社会研究所给予我们最为重要的一个启示：学生的认知活动与其在学习共同体中身份的形成不应被认为是互不相干的，而恰恰相反，在这两者之间存在有十分重要的联系。例如，在笔者看来，我们就应从后一角度去理解以下论述的深刻涵义：学生所关注的仅仅是如何能给出正确的解答，借此可以使教师与其他重要人士感到满意，从而学生也就可以获得认同。

二、"课堂学习共同体"不同成员之间的互动

以下分别针对师生与学生间的相互作用做出具体分析。

1. 课堂中的权力关系

社会上关于教师与学生在教学活动中不同地位的普遍认识在很大程度上决定了课堂中的权力关系；进而，从更为深入的层次看，后者则又可以被看成"知识就是权力"这样一个普遍结论在教学活动中的具体体现。

例如，著名教育社会学家伯恩斯坦（B. Bernstein）就曾明确地指出，学校不过是社会的一种复制：有什么样的社会就会有什么样的学校，特别是教育中的一切行为其实都是权力分配的反映。另外，后现代主义的主要代表人物之一福柯（M. Foucault）则突出地强调了权力与知识所存在的重要联系："权力和知识是直接相互蕴含的，不相应地建构一种知识领域就不可能有权力关系。不同时预设和建构权力关系也不会有任何知识。"简言之，知识就是权力。

显然，从以上的角度去分析，我们可以看出：由于教师相对于学生而言具有更多的知识。因此，在通常的情况下，教师在"课堂学习共同体"中必然处于权力地位，这也就是说，除非社会上对于知识的整体性认识有了根本性的变化（后者显然

又与社会的整体性变革有着直接的联系。例如,所谓的"文化大革命"就可被看成这样的一种变革)。教师在课堂上的权力地位是很难改变的。

从而,这也就不能不说是一种过分简单化的认识,即认为由所谓的"传统课堂教学"向"现代课堂教学"的转变将会导致一种新的权力关系,也即必然地会导致"课堂学习共同体"中权力关系的重组或重新分配。与此相反,笔者以为,就课堂教学的改革而言,关键的因素事实上并不在于如何去剥夺教师的权力,而是应当帮助教师更为恰当地使用自己的权力。在笔者看来,以下的常见现象事实上就可被看成是从一个特定的角度来指明了上述结论的正确性。尽管"小组学习"这一学习形式的采用的确可以被看成在一定程度上分散了教师的权力,在实践中却很可能出现这样的情况:在小组内少数几个同学取代教师占据了绝对的支配地位,而其之所以能取得这一地位主要是因为他们在学习上较为先进,从而总的来说,最终所出现的就是这样一种情况:尽管教师的权力在一定程度上被分散了,但却只是由原来的"大教师"变成了几个"小教师",也即只是造成了教学形式的变化,但就权力的使用方式而言却没有任何实质性的变化。(对于"小组学习"在以下还将做出进一步的分析。)

与此相对照,以下的论述则可说是具体地表明了教师在教学中应当如何使用自己的权力:教师应当由传统的"知识的传授者"转变成为"学生学习活动的组织者、引导者与合作者"。例如,按照"知识的传授者"这一定位,教师无疑有权对学生解答的对错以及不同解题途径的好坏做出最终的裁决,学生则应无条件地服从教师的裁决。但是,如果从后一种定位去分析,教师显然就应大力提倡"解题方法的多样化"。进而,尽管教师应当努力帮助学生实现必要的优化,但后者则又不应被理解成强制的统一。恰恰相反,教师应当充分尊重学生的自主选择,并应看到方法论上的转变应该是学生的一种自觉行为。当然,后者又不应成为教师无所作为、放之任之的理由。毋宁说,这正是教师"引导"作用的一个重要方面,即是应当随着时间的推进和学习的深入,从各个不同的角度或层面来不断地对各种解题方法做出比较,从而不仅能够有效地促进学生对于自己原先所采用的方法做出积极的反思与必要的改进,更能在方法论上达到更大的自觉性和先进性。

最后,又如前面所提及的,我们在此应清楚地看到整体性的文化(特别是普遍的社会观念)乃至整体性的社会结构对于课堂教学中权力关系的重要影响。特别是,由于"过强的规范性"是我国传统教育体制的一个重要特征,即如大纲(课程标准)"卡"教材,教材的编写必须"以纲为本"。教材"卡"教师,教师的教学必须"紧扣教材"。教师"卡"学生,学生必须牢固地掌握教师所教授的各项知识和技能,等等。另外,就整体性的社会体制而言,我们则又显然应当提及中央集权制这一长期的传统。从而,总的来说,这也就十分清楚地表明了这样一点:课程改革必定是一个长期的、渐进的过程。由于教学是一个深深地嵌入于整体性文化环境之中的系统,任何变化必定是小步骤的,而不可能是急剧的跳跃。另外,就教学思想与教学方法的改革而言,我们则又不应采取简单的"拿来主义",恰恰相反,"只有通过在各个不同教学环境中的反复尝试与调整,新的思想才可能传播到全国"。

2. 小组学习与学生间的互动

教学中完全忽视学生间的相互作用这一现象,自课程改革以来应当说已在很大程度上得到了纠正。但在这一方面我们也可看到一些简单化的认识,即如将学习共同体中不同成员之间的互动简单地等同于学生间的互动,以致完全否定了教师的重要作用,或是将"小组学习"看成合作学习的唯一形式,以致在很大程度上成为了判断教学改革力度的一个主要标志,等等。就当前而言,笔者以为,我们应特别注意防止形式主义的泛滥,即是唯一集中于教学形式的变革,而未能更加注意分析这种变革究竟产生了什么样的效果。

具体地说,这显然应当被看成后一方面最为基本的一个结论:如果学习共同体的不同成员之间的互动并不能达到促进学生的学习活动这样一个目标(应当强调:对于后者我们应从认知与身份的形成这样两个方面去把握),那么,无论所说的课堂学习在表面上是多么的热闹,所说的相互作用事实上也是毫无意义的。例如,笔者以为,我们事实上就应从这样的角度去理解由安德森(J. Adnerson)和西蒙(H. Simon)等人在《认知心理学在数学教育中的应用与误用》一文中所做的提醒:"正如国际研究会报告所指出的,有相当一部分报告认为合作学习与独立学习没有区别,也有大量报告试图掩饰这种方法的困难,把它当成学术上的灵丹妙药……我们发现小组计划在教师中越来越普遍,但是所遇到的困难显示出小组学习有时会起到相反的效果,有时学生抱怨很少有时间与其他人聚在一起讨论指派的任务,这使得他们感到沮丧;有的学生剥削这一组织并常常假设其他的参与者会完成所有的任务,根据报道,有的学生是把任务分配到某一个人,这样,这个小组的任务就由一个人一次单独完成,到了下次,小组又指派另外一个人去完成,很明显,这种情形已经不是合作学习所希冀的结果了,但却是在不加思考采用这种学习方式必然发生的结果。我们的观点不是说合作学习一定不会成功,也不是说合作学习一定就比不上单独学习,而是说合作学习并不是十分有效的方法,它的效果可能优于单独学习,也可能等同于单独学习,还可能弱于单独学习。"

再例如,尽管由鲍勒和格里诺所合作完成的《数学世界中的定位、个体与认识》一文主要是为了指明合作学习的优越性,但他们同时又突出地强调了这样一点:我们不应将"合作学习"与"理解学习"简单地等同起来。因为,合作也可以被用于程序性技能的学习,独立学习也可能达到深层次的理解;另外,"数学教学更可以如此组织以使学生参与到了积极的互动之中,但却没有实现任何有意义的数学学习,无论这是指概念式的学习或是程序性的学习。也会有这样的学生,他认为在别人看来是很有成效的课堂讨论对其而言只是分散了他对于数学概念与所倾向的方法的注意"。

最后,相对于以上的分析和批评性意见而言,以下的论述无疑应当引起我们的更大关注,因为这为我们切实地去改进这一方面的工作指明了努力的方向。很好地处理以下三个关系即可被看成好的"小组学习"应满足的基本条件:互动与制约;分工与分享;认知与身份。具体地说,笔者以为就当前而言,以下几点更有着特别的重要性:第一,我们不仅应当突出强调共同体各个成员之间的积极互动,而且也应十分重视如何帮助每个学生都能自觉地遵守相应的规范,特别是学会尊重别人、欣赏别人。第二,我们不仅应当十分重视共同体中各个成员对于学习活动在形式上的参与,包括不同成员之间的一定的分工。而且也应真正做到所有成员对于信息与成果的共享,并应在后一方面给予相对后进的学生以更多的关注。第三,我们不仅要重视各个学生的认知发展,而且也要关注他们通过学习形成了什么样的身份,更要努力促成他们由"不自觉的学习者"向"自觉的学习者"的重要转变。

三、结　语

综上可见,这正是教育社会研究的一个根本意义,这不仅有利于促进人们由不自觉状态向自觉状态的重要转变,也可以有效地避免因缺乏自觉性而陷入到某种盲目中,并因此而对实际的教学工作带来严重的消极影响。后者不但是指不加分析地去接受传统的"权威式教学",而且也是指对于"权力重新分配"的错误强调,还包括教学中的形式主义倾向以至完全忽视了对于问题实质的深入分析。

类似于正文中关于学生在"课堂学习共同体"中身份的分析,我们也可对教师身份的形成过程做出具体的分析。两者的主要区别在于:我们在对教师身份的形成过程分析时所侧重的已不再是"课堂学习共同体",而是扩展到了更为一般的"教育共同体",乃至整个社会。进而,我们在此所主要关注的也不再是教师与学生的关系,而是教师与教育共同体中其他各个成员(如教育研究者、教育管理者等)之间的关系,以及教育与社会的整体发展之间的关系。

具体地说,教师身份的形成显然也是多种因素共同作用的结果,甚至还可能包括对立因素的冲突与斗争(也正是在这样的意义上,一些学者提出:"同一个体可能具有多种不同的身份,在这些身份之间并有着一定的冲突与斗争")。例如,在一个新教师走上工作岗位的初期,"外部(政府、学校、家长)的要求"往往就与其原先所具有的关于教师工作的憧憬构成了直接的冲突,而冲突的直接结果则往往是教师迫于压力而不得不放弃个人原有的理想,即被迫采取了传统的教师定位,或因始终无法适应外部的要求直至最终离开了教学的岗位。另外,以下的常见现象显然也可以从同样的角度获得合理的解释:一些教师在刚刚结束培训时往往对如何去进行教学改革充满了激情,但在回到教学岗位以后却又很快恢复了故态。

其次,与学生由"不自觉的学习者"向"自觉的学习者"的转变相类似,对于教师的成长我们也可区分出几个不同的阶段。以下是由帕里(W. Perry)给出的关于教师成长的四个不同阶段:第一,简单的二元论者。处于这一阶段的教师习惯于(或者更为恰当地说,即是拘泥于)用"非此即彼、非对即错"这样的简单化思维方式去思考问题,即如对于"好的教学方法"与"坏的教学方法"的绝对区分等。在这一阶段中,人们往往会通过求助于外部的权威以做出相应的判断。第二,相对主义。这是指由绝对的肯定与否定转向了相对主义,即认为所有的理论或主张都是同样好或同样坏的。第三,分析性立场。在这一阶段中,人们已能认识到前述的"相对主义"立场的错误性,并应依据一定的准则来对各种理论或主张的好坏做出独立的判断。第四,自觉的承诺。在这一阶段中,人们已能通过不同理论或观点的比较与批判更为深入地认识它们的优点和局限性。更为一般地说,我们在此又可特别提及德国著名学者哈贝马斯(J. Abermas)关于"技术兴趣""实践兴趣""解放兴趣"的如下区分:"技术兴趣"是通过合乎规律(规则)的行为而对环境加以控制的人类的基本兴趣,它指向于外在目标,是结果取向的,其核心是"控制";"实践兴趣"则是建立在对意义的"一致性解释"基础上,通过与环境的相互作用而理解环境的人类兴趣,它指向于行为自身的目的,是过程取向的,其核心是"理解";"解放兴趣"是人类对"解放"和"权力赋予"的基本兴趣,它指向于自我反省和批判意识的追求,进而达到自主和责任心的形成。显然,哈贝马斯的区分事实上也可被看成是对教师的成长提出了更高的要求,即是应当努力实现由"规范"向"超越"的重要转变。特别是,我们即应努力发展自己的分析和批判能力,从而彻底改变对于外部权威或时髦潮流的盲从状态。

最后,我们显然也可从这样的角度对课程改革的某些相关问题做出新的思考与分析。例如,权力这一因素在我国新一轮课程改革中无疑发挥了十分重要的作用,但是,这究竟是一种社会权力还是一种由于知识所导致的权力?进而,又如前文中对于片面强调权力的重新分配这一不恰当观点的批判。我们在此显然应该更加重视权力的使用方式,或者说,应当认真地思考并妥善解决课程改革的实施方式与推广途径。

例如,无论就单纯的社会权力或是由知识而导致的权力而言,显然都容易产生一些弊病。就前者而言,容易造成形式主义的泛滥,特别是对于某些新的教学形式的片面追求;就后者而言,容易出现理论与教学实践的严重脱节,而这显然可被看成国内外历次教育改革运动所给予我们的深刻教训。

进而,又如以上关于由"技术兴趣"经由"实践兴趣"向"解放兴趣"的转变所已表明的,这显然也应被看成所有教育工作者的一个共同努力方向,即是应当更为自觉地承担起自己的社会责任,而这又不仅是指对于如何更好地承担起社会所赋予教育的具体职责,而且也是指如何能够通过教育更好地促进社会的进步或变革。这就正如巴西著名数学教育家德安布罗西奥所指出的:"作为一门科学分支的数学教学理论从本质上说正是对我们自己、对我们在社会大框架中的地位、对我们在形成未来中所担负的责任所做的批判性思考。"更为一般地说,这也就是教育领域中所谓的"批判的范式"的一个基本立场:"批判的范式的目标就是要把知识的模式和那些限制我们的实践活动的社会条件弄清楚。持有这种观点的人的基本假设是人们可以通过思想和行动来改造自己生活于其中的社会环境。"由简单的对照可以看出,这事实上也就是我国教师实际定位中亟待加强的一个环节,即是应当更为清楚地认识,并更为自觉地承担起自己的社会责任。

（本文发表于 2006 年第 3 期《全球教育展望》,郑毓信先生是第一作者）